빅데이터 R Point

빅데이터 분석 기본

김진화 · 박성택 · 이성원 공저

光文閣

www.kwangmoonkag.co.kr

많은 변화가 우리에게 일어나고 있다. 이러한 변화의 중심에는 빅데이터가 자리 잡고 있다.

4차 산업혁명에서 가장 핵심이 ICBMA(Iot, Cloud, Bigdata, Mobile, AI)이다. 최근에는 ICBMA보다는 DNA(Data, network, AI)로 불리기도 한다.

이러한 핵심 기술들 중에서 가장 중요한 것이 바로 데이터라고 할 수 있다. 최근에 화두가 되고 있는 AI의 핵심 기술인 딥러닝과 머신러닝 등도 역시 데이터에 기반하고 있다.

일반적인 사람들은 빅데이터가 새로운 개념이라고 생각하지만, 기존부터 우리 주위에 존재했던 데이터들을 모아 놓은 것이다. 우리는 최근 화두가 되고 있는 4차 산업혁명이라고 불리는 Digital transformation 시대에서 지금보다 더욱 빠르게 변화하는 사회환경 속에서 살아가게 될 것이다. 이러한 변화의 중심 중의 하나는 바로 빅데이터이며, 분야와 상관없이 융합되어 중요도는 점점 높아질 것이다.

빅데이터에 혹은 Data scientist에 관심이 있는 사람들이 가장 어려워하는 것이 코딩과 통계이다. 실제로 R이라는 프로그램의 자체가 기존에 많이 사용하는 SPSS, AMOS, SAS보다 상대적으로 접근이나 활용이 더욱 어려운 면이 있다. 하지만 빅데이터에서 R을 사용하는 이유는, 무료이며 넓은 확장성과 사용자와 함께 진화하는 프로그램이기 때문이다. 그 외에도 본인이 조금만 노력을 한다면 구글 검색, Github, R bloggers, Youtube 등을 통해서 동영상 강의나 유저들의 글을 통해서 손쉽게 궁금증을 해결할 수 있다.

우리가 빅데이터를 다루기 위해서는 코딩이나 통계의 모든 이론을 습득하거나 전공을 할 필요는 없다. 대신 실제 방대한 데이터의 분석을 통해서 유용한 정보를 찾아낼 수 있도록 기초적인 통계에 대한 지식은 필요하다.

본 교재는 '빅데이터 분석'에 관한 기본서로서 빅데이터와 기초통계의 이론, R시작하기, 기초통계, 고급통계, 시각화 등을 학습하게 된다. 기본편은 기존에 접근하기 어려웠던 R이라는 프로그램을 쉽게 접근할 수 있도록 도움을 주는 것과 힘께 통계에 내한 기초지식을 같이 습득할 수 있도록 도움을 줄 것이다.

앞으로 2권에서는 기본편에서 학습한 것을 기반으로 빅데이터 분석을 위한 다양한 활용에 대해 학습을 하게 될 것이다.

본 교재는 빅데이터 분야의 전문 총서로서 빅데이터 분야의 발전에 이바지할 것으로 확신하면서도, 동태적으로 진화 발전하고 있기 때문에 독자 및 전문가들의 조언과 지적, 연구결과를 지속적으로 반영하고자 노력할 것이다.

끝으로 출판에 애써 주신 광문각출판사 박정태 대표이사님과 임직원들께 감사드린다.

2018. 9
저자 일동

* 예제파일과 실습파일은 http://www.kwangmoonkag.co.kr에서 다운 받을 수 있습니다.
* 연습문제 결과는 홈페이지에서 확인할 수 있습니다.
* 연습문제 코드는 본 교재를 사용하는 강의자(교수, 강사)에게만 제공됩니다.
* 빅데이터 분석 특강, 실무 교육에 대한 문의사항은 solpherd@nate.com으로 문의하시면 됩니다

Contents

제3장 R 시작하기 / 29

Contents

제5장 고급통계(기초통계+) / 157

Contents

01

빅데이터

1 　빅데이터란 무엇인가?

　　최근 빅데이터(BigData)가 우리 사회의 핵심 키워드로 등장하고 있다. 빅데이터는 새로운 개념이 아니라 1990년 이후 인터넷이 확산되면서 정형화된 정보와 비정형 형태의 정보가 무수히 발생하게 되면서 정보 홍수(information overload)나 정보 폭발(information explosion)이라는 개념으로 논의되었고, 오늘날 '빅데이터'라는 개념으로 이어지게 된다. 그동안 인터넷에서 발생한 수많은 정보는 인터넷 서비스 기업이 보관하거나 일부 상업적으로 이용되기도 하였다. 더불어 모바일 스마트 기기의 확산으로 개인과 관련된 비정형 데이터가 축적되면서 데이터는 더욱 증가하게 된다. 특히 소셜미디어의 증가는 공적인 정보뿐만 아니라 사적인 정보까지 교류함으로써 빅데이터의 서막을 알리는 계기가 되었다.

　　빅데이터는 위키피디아(Wikipedia)에서 "기존 데이터베이스 관리도구의 데이터 수집·저장·관리·분석의 역량을 넘어서는 대량의 정형 또는 비정형 데이터 세트 및 이러한 데이터로부터 가치를 추출하고 결과를 분석하는 기술"로 정의하고 있으며, 국가전략위원회에서는 "대용량 데이터를 활용·분석하여 가치 있는 정보를 추출하고 생성된 지식을 바탕으로 능동적으로 대응하거나 변화를 예측하기 위한 정보화 기술"이라고 정의하고 있다. 또한, 삼성경제연구소는 "빅데이터란 기존의 관리 및 분석 체계로는 감당할 수 없을 정도의 거대한 데이터의 집합으로 대규모 데이터와 관계된 기술 및 도구(수집·저장·검색·공유·분석·시각화 등)를 모두 포함하는 개념"으로 정의하고 있다. 이와 같은 정의를 종합해 보면, 빅데이터란 엄청나게 많은 데이터로 양적인 의미를 벗어나 데이터 분석과 활용을 포괄하는 개념으로 사용하고 있다.

빅데이터는 이전에는 특수한 분야인 천문, 우주, 게놈 등의 분야에서만 활용이 되었으나, 최근에는 경영, 생산, 제조 등의 다양한 산업 분야에서 활용이 되고 있다.

빅데이터의 정의는 데이터 규모와 기술 측면에서 출발했으나 빅데이터의 가치와 활용 효과 측면으로 의미가 확대되는 추세에 있다. 빅데이터는 고객 정보와 같은 정형화된 자산 정보(내부)뿐만 아니라 외부 데이터 및 비정형, 소셜, 실시간 데이터 등이 복합적으로 구성되어 있다.

빅데이터는 정형(structured) 데이터, 반정형(semi-structured) 데이터, 비정형(unstructured) 데이터로 구분할 수 있다. 정형 데이터는 일정한 규칙을 갖고 체계적으로 정리된 데이터를 의미한다. 예를 들어 매년 통계청에서 발표하는 통계자료, 방송통신 실태조사, 각종 과학적 데이터 등이 이에 해당한다. 정형 데이터는 그 자체로 의미 해석이 가능하며, 바로 활용할 수 있는 정보를 내포하고 있다. 반정형 데이터는 한글이나 MS 워드 등으로 작성된 데이터를 의미한다. 대표적인 예가 인쇄 매체의 텍스트라 할 수 있다. 반정형 데이터는 표나 그림이 될 수도 있지만, 일반적으로 문자로 서술된 정보를 담고 있다. 비정형 데이터는 스마트 기기 및 모바일 기기 등을 통해서 형성되는 데이터로 페이스북, 트위터, 블로그, 모바일 메신저 등으로 상호 교류되는 정보가 이에 해당한다. 비정형 데이터는 개인, 집단, 사회, 국가 등과 관련된 주제를 소셜미디어 이용자들이 상호 의견을 교류함으로써 생산되는 정보들이다. 특히 오늘날 빅데이터라고 하면 정형 데이터뿐만이 아니라 비정형 데이터에 관심을 두고 있다. 특히, 비정형 데이터가 빅데이터에서 차지하는 비중이 80% 이상이며, 다양한 유형의 데이터들로 구성이 되어 있고, 분석을 통해 새로운 의미를 찾을 수 있기 때문에 비정형 데이터 분석에 초점이 맞추어져 있다. 그러나 비정형 데이터 분석에서는 데이터의 신뢰성, 정확성, 타당성 등이 매우 중요하기 때문에 분석에 사용할 수 있는 데이터가 신뢰를 할 수 있다면 분석된 결과를 잘 활용할 수가 있을 것이다. 또한, 아직까지는 분석할 수 있는 기술이나 기법에 한계가 있기 때문에 정형 데이터 분석을 하고, 이를 보완할 수 있는 수단으로 비정형 데이터 분석을 수행하는 것이 올바르다고 할 수 있다. 물론 가까운 미래에 분석기술과 기법이 등장한다면, 비정형 데이터 분석이 중요한 역할을 수행할 것으로 보인다.

또한, 수많은 비정형 데이터 중에서도 최근에는 텍스트 마이닝이 활용이 되고 있다. 그러나 아직까지 텍스트 마이닝은 많은 기술적인 한계가 있고, 특히 한국어의 경우는 다양한 제약 조건으로 인해 분석을 수행하기에는 한계를 가지고 있다.

빅데이터는 해당 데이터를 분석하고 처리함으로써 기존의 데이터에서 볼 수 없었던 새로운 의미를 산출할 수 있다. 즉 수많은 데이터를 분석하여 사용자에게 유용한 정보를 제공할 수 있어야 빅데이터는 효용성을 갖는다. 따라서 빅데이터에서 중요한 것은 형식적인 데이터 소스 내에서 외부로 새로운 가치를 창출할 수 있느냐 하는 것이다. 결국, 새로운 가치와 의미를 산출하기 위해서는 축적된 데이터를 갖고 무엇을 분석할 것인가에 대한 문제 제기가 필요하다. 이러한 문제 제기는 데이터마이닝과 연결되는데 빅데이터에서 데이터 마이닝은 텍스트 마이닝(Text Mining)과 웹 마이닝(Web Mining) 그리고 소셜 마이닝(Social Mining)을 통해서 현실 마이닝(Reality Mining)에 도달해야 한다. 빅데이터의 현실 마이닝은 우리가 영화에서나 볼 수 있었던 미래를 예측할 수 있는 데이터들이 산출되어 사후 대책이 아니라 사전 방지 시스템을 작동시킨다. 그러면 빅데이터란 정확히 무엇인가? 초기에는 '빅데이터 솔루션'과 같은 기업들의 다양한 서비스 마케팅으로 다소 혼선이 있었으나 데이터의 사이즈, 대용량 데이터 자체를 의미로 한정 짓게 되면 빅데이터의 본질을 놓치게 된다. 데이터의 크기, 수십 배씩 증가하는 데이터의 증가 속도 등은 컴퓨팅 기술의 발전, 센싱 인프라 확산에 따라 지속적으로 확산되며 빅데이터의 규모도 계속 증가할 것이다.

빅데이터 분석이라고 하면, 텍스트 마이닝, SNS 분석, 소셜 데이터 분석 등을 떠올릴 수가 있다. 물론 빅데이터에서 80% 이상이 비정형 데이터이기 때문에 틀린 말은 아닐 것이다. 그러나 현재 비정형 데이터 마이닝 중에서도 가장 많이 활용이 되고 있는 기법이 바로 텍스트 마이닝이다. 이로 인해 텍스트 마이닝이 빅데이터를 대변한다고 생각할 수도 있지만, 그것은 잘못된 생각이다.

중요한 것은 기업의 입장에서는 정형 데이터 분석을 수행하고, 비정형 데이터인 텍스트 데이터를 통해 여론의 흐름과 동향, 트렌드 등을 파악하고 이를 활용한다는 점이다.

정형 데이터 마이닝과 비정형 데이터 마이닝이 서로 상호보완적인 역할을 수행한다는 것이다. 즉, 현재까지의 시점에서 본다면, 텍스트 마이닝의 경우는 정형 데이터 마이닝의 보조적인 역할을 수행한다고 할 수 있겠다. 물론 가까운 미래에서는 텍스트 마이닝 외에도, 웹 마이닝, 오피니언 마이닝 등 비정형 데이터 마이닝을 분석할 수 있는 방법과 기법이 등장하게된다면 상황은 달라질 것이다. 그러나 기업의 입장에서는 고객 데이터, 생산 데이터, 판매 데이터 등의 정형 데이터 분석을 수행하고, 비정형 데이터들을 분석하여, 정형 데이터 마이닝과 보조를 맞추어 빅데이터 분석을 진행해야 한다는 것이다.

2 빅데이터와 통계의 관계

통계(statistics)는 모아서 계산한다는 의미를 지니고 있다. 통계의 어원은 라틴어의 'status'(국가)이다. 따라서 통계는 역사적으로 국가나 정치와 밀접한 관계가 있었음을 알 수 있다. 즉 통계는 국가를 다스리기 위해 필요한 인구 및 경제 자료의 수집과 활동을 의미한다.

실제로 역사상 최초의 통계조사 기록은 기원전 13세기경(구약 민수기 1장) 유대인이 이집트에서 방랑 생활을 하다가 시나이반도에서 타 부족과의 싸움을 위한 전투 요원의 수를 가늠하고자 처음 모세가 유태인에 대한 인구조사를 실시하였다는 기록이 있다. 한반도에서 최초의 통계조사 기록은 고대 전한 시대에 대동강 유역에 자리 잡은 낙랑군이 25현으로 이루어졌고, 호수는 6만 2,812호에 인구는 40만 6,748명이라는 호구조사의 기록이 있다. 오늘날 통계학은 자료를 수집, 정리, 요약 및 분석하여 합리적인 의사결정을 내리는 방법론을 다루는 학문으로 설명되고 있다. 대표적인 통계치로는 GNP, 물가지수, 실업률, 일기예보, 선거 여론조사 결과, 소비자 만족도 등을 들 수 있다. 따라서 과거의 통계는 주로 전투의 승패를 결정하거나 국가를 통치하는 중요한 지표로 활용되었으나, 현재는 개인, 기업 및 국가의 경쟁력 판단하는 중요한 자료로 사용되고 있다. 또한, 통계는 각종 보고서나 논문을 작성하는 데도 필수적인 도구로 자리 잡아가고 있다.

빅데이터가 중요하게 인식되기 시작하면서 덩달아 통계에 대한 관심도 증가하고 있다. 빅데이터는 의미 없고, 쓸모없고, 버려진 데이터에서 가치를 찾는 것이 중요하다고 할 수 있다. 일반적으로 통계학도 다양한 데이터 속에서 의미 있는 가치를 찾아내는 방법을 다루고 있는 학문이라고 말할 수 있다.

특히 최근에는 정형 데이터 마이닝 외에도 비정형 데이터 마이닝을 하기 위해서 통계학은 기본적인 지식이라고 할 수 있다. 통계 없이는 빅데이터 분석을 수행하기가 어렵다는 뜻이다.

국가에서 센서스(인구)조사를 수행하는 것이 바로 통계학의 기본이라고 할 수 있다. 즉 통계는 수집한 자료를 기반으로 하여 이를 이용하고 가설의 참과 거짓을 판별할 수 있도록 하는 수학적인 논리 또는 확률적인 논리라고 할 수 있다.

즉 다양한 데이터 속에서 중요한 의미를 추출하기 위해서는 통계를 활용하는 것이 제일 좋은 방법이라고 할 수가 있다.

3 빅데이터에서 R이 중요한 이유

오늘날과 같은 정보화 시대에 개인, 기업, 국가에서 생산되는 통계자료는 그 종류나 규모가 너무 방대하여 사람의 손으로 그 많은 자료를 작업한다는 것을 거의 불가능에 가깝다.

이러한 문제점을 해결하기 위한 수단이 바로 컴퓨터이다. 즉 컴퓨터를 활용하여 방대한 자료를 손쉽게 처리할 수 있다. 컴퓨터를 활용하여 방대한 자료를 처리하는 대표적인 통계처리 프로그램은 SAS, SPSS, MINITAB, GAUSS, EXCEL, LISREL, AMOS, Frontier Analyst 등이 있다. 이 중에서 일반적으로 많이 사용되는 통계 프로그램은 SAS와 SPSS이다. 참고로 SAS는 범용이나 고가이며, 대규모 프로젝트에서 많이 활용되며, SPSS는 사회과학 분석 전용으로 개발되었으나 상대적으로 저가이다. LISREL, AMOS, Frontier Analyst 등은 보편적인 프로그램이라기보다는 특수 분석용 프로그램이다.

빅데이터의 분석 도구로서 각광을 받고 있는 언어는 R, Python(파이썬), SAS 등이 있다. 이 중에서도 가장 각광을 받고 있는 언어가 바로 R이다. R은 수치 분석이나 머신러닝 분야에서의 개발에 있어 매우 중요한 도구라고 할 수 있나. 득히 패키지의 생태계는 다른 언어와는 다르게 매우 광범위하다고 할 수가 있다. 만약 어떠한 통계적인 기법을 활용하고자 할 때, 이미 이에 맞는 R 패키지가 나와 있다고 보면 된다.

특히 R은 오픈소스로서 통계학을 위해 기본적으로 내장이 된 기능들이 많이 있으며, 무한으로 확장이 가능하고, 개발자들도 자신이 원하는 분석을 위해 다양한 패키지들을 결합하거나, 자신만의 분석 도구를 만들 수 있다는 장점이 있다.

특히 R의 패키지 중에서 ggplot2, ggmap, dplyr, googleVis 등 그래픽 요소가 강한 패키지들의 등장으로 인해 데이터를 분석하고 이를 시각화(플롯)하는 작업이 매우 수월해지고 있다.

특히 구글맵과의 연동을 통해 지도를 통한 시각화도 가능하다는 장점을 가지고 있다.

최근에는 통계, 정형 데이터 마이닝 외에도 비정형 데이터 마이닝 분석을 가능하게도 한다. 특히 tm, wordcloud, KoNLP, igraph, word2vec 등의 패키지를 활용한 텍스트 마이닝 기법을 R을 통해 충분히 구현이 가능하다.

또한, caret 패키지를 활용하여 API를 활용하여 머신러닝 알고리즘을 구현할 수 잇는 방법을 제공하고 있다.

2015년에 MS는 레볼루션 애널리틱스(Revolution Analytics)를 인수하여 '마이크로소프트 R 오픈(Microsoft R Open, MRO)으로 이름을 변경하고 오픈소스 형태를 유지하고 있다. MS R 서버는 레드헷 리눅스, 수세 리눅스, 하둡, 테라데이터 플랫폼 위에서 자유롭게 이용할 수가 있다. MS R 서버를 애저 분석 시스템, 비주얼 스튜디오 개발자 도구, 데이터 과학 전용 가상머신 등 다양한 MS 엔터프라이즈 제품에 통합할 계획을 가지고 있다. 사용자(User)는 MS R 서버로 R 프로그래밍 언어가 가지고 있는 패키지와 분석 모델을 쉽게 이용할 수 있다는 장점을 가지고 있다(http://www.bloter.net/archives/247777).

R을 시작하기 전에
이것만은 알고 시작하자
(기초통계 이론)

1) 자료의 종류

범주적 자료는 성별, 학년, 직업군 등과 같이 관찰 대상의 특성을 기초로 하는 자료를 의미하며, 수치적 자료는 체중, 거리, 시간 등과 같은 측정치, 상품 구매 횟수, 불량품의 수 등과 같은 도수로 이루어진 자료를 의미한다. 수치적 자료는 다시 이산과 연속적 자료로 구분이 된다. 이산적 자료는 한정된 숫자들 중에서 그 값이 결정되며, 그 값이 유한이나 무한이던지 간에 0, 1, 2, … 등과 같이 정수의 값을 취하게 된다. 연속적 자료는 데이터가 생성될 때, 측정하는 사람에 따라 그 값이 다르다. 만약 키를 잰다고 가정했을 때, 170cm, 170.1cm, 170.14cm 등을 선택하고자 할 때, 선택할 수 있는 값의 한계는 없다.

2) 데이터의 종류

이산형 변수(범주형)는 대상들에 대해 측정하면 대상들이 서로 떨어진 값을 가지게 하는 모든 경우의 변수를 의미한다. 이산형 변수는 질적 변수의 특성을 가지고 대상을 몇 개의 범주 중에서 하나에 속하는 경우가 있어 범주형 변수라고도 한다. 이산형 변수는 명목변수(성별, 핼액형 등)와 순위변수(성적, 학력 등)로 구분할 수 있다.

연속형 변수는 대상들에 대해 측정하면 대상들이 서로 연속적인 값을 가지게 되는 경우의 변수를 의미한다. 즉 특정 대상이 가질 수 있는 값은 정해진 범위 안에서 모든 실수 값을 취할 수 있다. 연속형 변수는 간격변수(온도)와 비율변수(몸무게, 키, 시간 등)로 구분할 수 있다.

3) 모집단과 표본추출

모집단은 정보를 얻고자 하는 대상의 전체 집단을 의미하며, 모집단의 일부분으로 모집단에 대한 정보를 얻기 위해 추출하는 개체의 모음을 표본이라고 한다.

분석 대상이 되는 전체 집단을 측정하는 것이 당연하지만, 통계학에서는 실질적, 경제적인 이유로 허용될 수 있는 오차, 신뢰도를 만족할 수 있는 최소한의 표본을 추출하고, 추출된 표본 집단에서 관측 또는 측정된 값으로 모집단의 특성을 추정한다. 평균, 중앙값, 분산, 표준편차 등의 모수는 모집단의 특성을 대표하는 중요한 수치이다.

또한, 모집단에서 표본집단을 추출할 때에는 추출할 표본집단의 크기와 표본추출 방법을 반드시 고민을 해야 한다. 일반적으로 표본의 수가 정해진 후 실제 표본을 추출하고자 할 때 사용하는 방법으로 무작위 표본추출이 있다.

4) 기술통계와 추측통계

통계학은 크게 기술통계학과 추측통계학으로 분류된다. 여기서 기술통계학(Descriptive Statistics)은 자료의 양이 너무 방대할 때 평균, 분산, 비율 등의 형태로 자료를 요약하는 방법을 다루는 학문을 말한다. 반면에 추측통계학(Inferential Statistics) 또는 추론통계학은 실제로 관측한 표본을 이용하여 불확실한 모집단의 특성을 추론하는 방법을 다루는 학문을 말한다.

기술통계는 자료를 수집하고 정리 및 요약함으로써 의미 있는 정보를 창출하는 데 그 목적이 있다. 우리가 흔히 볼 수 있는 신문과 잡지 등에 나오는 표, 그래프, 차트 등이 모두 기술 통계이다. 기술통계 자체로도 의미를 가지지만, 일반적으로는 보다 자세한 통계적 분석을 위한 전단계의 역할을 한다.

추측통계는 부분적인 자료의 분석을 통해 전체에 대한 예측 및 추측을 하는 과정이다. 지난 30년간 5월의 강수량을 찾아서 하나의 표로 요약 및 정리했다고 가정을 하자. 강수량이 가장 많은 해와 적은 해를 찾아보는 것은 기술통계 영역이다. 그러나 내년 5월의 강수량은 150~200mm 정도가 될 것이라고 예측한다면, 추측통계에 속하게 된다.

통계학은 크게 기술통계학과 추측통계학으로 분류된다. 여기서 기술통계학(Descriptive Statistics)은 자료의 양이 너무 방대할 때 평균, 분산, 비율 등의 형태로 자료를 요약하는 방법을 다루는 학문을 말한다. 반면에 추측통계학(Inferential Statistics) 또는 추론통계학은 실제로 관측한 표본을 이용하여 불확실한 모집단의 특성을 추론하는 방법을 다루는 학문을 말한다.

5) 귀무가설과 대립가설

가설의 검정은 귀무가설의 내용이 옳다는 가정하에서 시작이 된다.

가설은 증명되지 않는 주장이라고 할 수 있으며, 통계적인 가설의 검정은 증명된 바 없는 주장을 귀무가설이라는 틀 속에 집어넣고 표본을 추출한 뒤 표본 통계량을 이용하여 귀무가설을 테스트한다. 대립가설은 부정적인 내용을 담고 있는 귀무가설을 통계적으로 검정하고 기각한 뒤, 긍정적인 내용을 담고 있는 대립가설을 받아들이는 것을 목적으로 한다.

귀무가설은 영가설이라고도 하며, 처음부터 버릴 것을 예상하는 가설이다. 즉 차이가 없거나 의미 있는 차이가 없는 경우의 가설을 말한다. 대립가설은 연구가설이라고도 하며, 연구자가 입증하고자 하는 가설을 말한다. 즉 차이가 있거나 의미 있는 차이가 있는 경우의 가설을 말한다.

6) 신뢰구간(양측검정, 단측검정)

신뢰구간은 신뢰수준의 확률로 모평균을 포함하는 구간을 의미하며, 모수가 어느 범위 안에 있는지를 확률적으로 보여 주는 방법이다. 즉 신뢰구간은 표본 통계량에서 나와 알 수 없는 모집단 모수 값이 포함될 가능성이 있는 값의 범위를 의미한다.

일반적으로 검정 방법으로는 단측검정, 양측검정, 좌측검정, 우측 검정이 있다. 여기서는 단측과 양측 검정만을 살펴보고자 한다.

유의 수준을 어느 한쪽으로만 고려하는 검정을 단측검정이라고 한다. 대부분의 기업 경영에 관련된 문제들은 단측검정을 위주로 하고 있다. 왜냐하면, 문제의 특성상 어느 한 방향으로 결론을 내리는 것이 보편적이고, 또한 귀무가설을 기각하기를 원하는 연구자에게 유리하기 때문이다. 양측검정은 일정 기준에의 일치 여부를 판단하고자 하는 경우에 주로 사용한다.

대립가설의 주장이 방향성을 가지면 단측검정이고 방향성을 갖지 않으면 양측검정이다. 즉 귀무가설을 기각하는 영역(기각역)이 양쪽에 있는 검정을 말하며, 대립가설이 크거나 작다라는 것을 검정할 때는 양측검정을 사용한다. 귀무가설을 기각하는 영역(기각역)이 한쪽에만 있는 영역을 말하며, 대립가설이 작거나 큰 경우에는 단측검정을 사용한다.

7) 1종 오류, 2종 오류

귀무가설이 참인데도 불구하고 기각하면 제1종 오류이고, 귀무가설이 거짓인데도 불구하고 기각하지 않으면 제2종 오류이다. 제1종 오류를 범할 확률은 미리 설정한(정해진) 유의 수준보다 작거나 같다. 즉 미리 설정한 유의 수준이 제1종 오류를 범할 확률의 상한인 것이다. 유의 수준을 미리 설정하고 제1종 오류를 범할 확률을 통제한 후 가설검정을 수행하게 되며, 보편적으로는 1%, 5%를 사용한다. 또한, 제1종 오류를 범할 가능성과 제2종 오류를 범할 가능성 간에는 서로 상충 관계가 존재한다.

또한, 통계로 가설을 검정할 때 생기는 오류를 제1종 오류$_{(\alpha)}$와 제2종 오류$_{(\beta)}$로 부르며, 제1종 오류는 옳은 가설이 거부될 때 생기는 경우이고, 제2종 오류는 잘못된 가설이 채택할 때 생기는 오류를 의미하기도 한다.

	모집단에 대한 사실	
표본을 기반으로 결정	H_0가 참	H_0가 거짓
H_0를 기각할 수 없음	옳은 결정	제2종 오류(β)
H_0를 기각함	제1종 오류(α)	옳은 결정

8) 중심극한정리(Central Limit Theorem, CLT)

중심극한정리는 추측통계학의 핵심이다. 즉 모집단이 정규분포를 따르지 않는다고 해도 표본분포는 정규분포에 가까운 형태를 취하며, 표본의 크기가 커지면 커질수록 표본분포는 점점 더 정규분포에 가까워진다는 것을 의미한다. 일반적으로 표본의 크기가 30개 이상인 경우에는 모든 표본분포는 모집단의 분포에 상관없이 정규분포의 형태를 따르게 된다.

즉 평균이 μ이고 분산이 σ^2인 모집단으로부터 추출한 크기가 n인 확률표본의 표본평균 $\overline{X}$는 n이 증가할수록 모집단의 분포에 상관없이 근사적으로 정규분포 $N(\mu, \sigma/n)$을 따른다.

> 평균이 μ이고 표준편차가 σ인 모집단으로부터 크기가 n인 표본을 취할 때, n이 큰 값이면 표본평균의 표본분포는 평균이 $\mu_{\overline{x}} = \mu$이고, 표준오차가 $\sigma_{\overline{x}} = \sigma/\sqrt{n}$인 정규분포에 가깝다.

중심극한정리에서는 연속형, 이산형, 한쪽으로 치우친 형태의 모집단의 분포라고 하더라도 표본의 크기가 클수록 표본평균의 분포는 근사적으로 정규분포를 따른다고 가정한다.

9) 유의수준과 유의확률

유의수준은 통계 가설검정에서 사용하는 기준값(판단의 수준)이다. 즉 가설검증을 할 때, 표본에서 얻은 표본 통계량이 일정한 기각역에 들어갈 확률인 오차 가능성을 의미한다. 앞서 설명한 것처럼 유의 수준을 1%, 5%로 정하는 경우가 대부분이다.

유의확률(p-value)은 자유도를 고려했을 때 검정통계량에 대한 확률을 의미한다. 귀무가설을 기각할 수 있는 최소한의 확률을 의미하기도 한다. 기각역보다 유의확률이 작아야만 귀무가설을 기각할 수가 있다(p < 0.05). 일반적으로 통계적 가설검정에서의 유의확률은 귀무가설이 맞다고 가정할 때 얻은 결과보다 극단적인 결과가 실제로 관측될 확률을 의미한다.

10) 정규분포

사회과학의 통계적 방법에서 가장 많이 이용되는 대표적 확률분포가 정규분포이다. 키, 몸무게, 제품 수명 등의 대부분 자료의 분포가 정규분포에 매우 근사적 접근한다. 평균을 중심으로 좌우대칭인 종 모양을 갖는 확률분포를 의미한다.

정규분포는 다음과 같은 특징이 있다. 좌우대칭이며, 확률곡선은 평균치에서 최고점을 가진다. 모든 연속 확률분포와 마찬가지로 곡선 아래의 전체 면적은 100%이다. 정규분포는 평균과 분산에 따라 다양한 모양을 가질 수 있다. 즉 분산이 커지면 커질수록 평평한 모양을 취하게 되며, 분산이 같더라도 평균값의 차이에 따라 분포의 위치가 달라지게 된다.

11) 자료 특성에 따른 분석 방법과 통계량

모수는 모집단의 특성을 수치로 나타낸 것을 의미한다. 통계량은 표본의 특성을 나타내는 수치로 평균, 중앙값, 분산, 표준편차와 같이 데이터를 대표하는 값이다. 모집단의 모수를 추정하기 위해 표본에서 계산한 추정량의 값이 통계량이다.

가설을 검정하기 위한 기준으로 사용하는 값(t값 등)을 검정통계량이라고 한다. 검정통계량에서는 z-통계량 또는 t-통계량이 일반적으로 많이 사용되고 있으며, 이들 통계량은 자료에서 얻은 통계치 또는 귀무가설 수치의 표준화된 차이라고 할 수가 있다.

12) 독립변수와 종속변수

독립변수는 다른 변수를 설명 및 예언하는 변수이고, 종속변수는 다른 변수로부터 예측되는 변수를 의미한다. 즉 독립변수의 변화에 따라서 변화를 하는 변수이다.

독립변수는 조작되는 변수, 실험에 자극을 주는 변수, 어떠한 상황에 대하여 원인이 되는 변수로 설명변수, 원인변수, 영향을 주는 변수로 정의할 수 있으며, 종속변수는 조작에 의한 변화, 측정이 되는 변수, 반응변수, 자극에 대한 결과나 반응, 효과를 나타내는 결과변수, 영향을 받는 변수로 정의할 수가 있다.

13) 모수통계와 비모수통계

사회 현상과 자연 현상에서 나타나는 다양한 상황이나 현상을 요약하여 정리하는 통계학은 크게 모수통계(parametric statistics)와 비모수통계(non-parametric statistics)로 구분할 수 있다. 모수통계학은 모집단이 정규분포를 이루는 확률분포를 전제로 하며, 대체적으로 연속형 데이터(continuos data)를 분석하는데 사용된다. 모수(parameter)는 모집단의 양적인 특성을 표현하는 고유한 상수로 모평균(μ), 모분산(σ^2), 모비율(ϱ) 등이 있다. 모수통계를 사용하기 위해서는 다음과 같은 특성을 전제로 한다.

① 모집단의 분포가 정규분포를 이루어야 한다.

② 집단 내 분산이 동질적이어야 한다.

③ 측정변수는 등간척도(interval scale)나 비율척도(ratio scale)로 측정된다.

반면에 비모수통계학은 모수통계의 특성과 배치되는 경우에 사용되며, 다음과 같은 특성을 전제로 한다.

① 모집단의 확률분포가 정규분포의 특성을 따르지 않는다.

② 자료의 형태다 명목척도(nominal scale)나 서열척도(ordinal scale)처럼 비연속적 데이터 (non-metric data)로 측정된 경우 사용된다.

③ 표본의 수가 작아서 모수통계기법을 적용할 수 없을 때 사용된다.

14) 확률과 통계

확률과 통계는 목적과 성격이 다르다.

예를 들어 큰 통 속에 다양한 공들이 섞여 있다고 가정을 해보자. 통계는 손안의 정보를 토대로 통 안에 무엇이 들어있는지를 고민하는 것이고, 확률은 통 안에 들어 있는 것에 관한 정보를 토대로 손안에 무엇이 들어 있는가를 고민하는 것을 의미한다.

03
R 시작하기

CHAPTER

03 >> R 시작하기

1 R은 무엇인가?

　R은 오픈소스(Open Source) 프로그램으로 통계, 데이터 마이닝, 그래프 및 시각화를 위한 언어라고 할 수 있다. R은 일반적으로 학교(연구실)에서 연구(논문)와 관련하여 많이 사용되고 있으며, 산업(현장)에서도 통계분석을 위한 프로그램으로 사용되고 있다. 최근에는 글로벌 기업뿐만 아니라 국내외의 많은 중소기업도 사용하고 있는 프로그램이다. 특히 상업적인 통계 패키지와는 다르게 오픈소스라는 이유로 인해 빅데이터와 관련된 분석(Big Data Analytics)을 위한 툴(Tools)로 관심을 받고 있으며, 1만 2,940개가 넘는 패키지(Package)들이 통계 및 분석에 관한 다양한 기능을 지원하고 있고, 현재도 개발되는 패키지가 있으며 수시로 업데이트(Update)되고 있다(2018년 8월 21일, cran.r-project.org).

　기존의 통계 프로그램인 SPSS, SAS 등과 비교할 때 R의 가장 큰 차이점은 다양한 최신 통계분석과 마이닝 기능을 플랫폼하에서 제공한다는 데 있다. 일반적으로 통계와 관련된 다양한 분석 패키지들은 새로운 알고리즘을 적용하는 데 있어 시간이 오래 걸리는 단점이 있다. 첫째, R은 최신 알고리즘을 제공하여 다양한 분석을 시도할 수 있다는 점이 장점이라고 할 수 있다. 둘째, 이러한 기능들을 자동화한다는 점이다. R은 언어에 가까운 문장 형식을 사용하기 때문에 알고리즘의 자동화가 쉬운 편이다. 셋째, 수많은 사용자가 다양한 예제(Example)를 공유한다는 점이다.

www.r-project.org에서 Core팀에 의해 제공되는 내용과 www.r-blogers.com에서 제공되는 다양한 예제들은 통계 및 분석을 하는 데 많은 도움이 된다. 다만, 'R', 'RStudio', package 버전에 따라 결괏값(수치, 그래프)이 다르게 나올 수 있다는 점을 반드시 기억하도록 하자.

2 설치 & 설정 방법

1) R 설치 및 실행

이제부터 R을 설치하는 방법에 대해서 살펴보고자 한다(여기서는 구글의 크롬 브라우저(chrome)를 기준으로 설명한다).

① 웹브라우저(explore 또는 chrome) 주소 창에서 "r"을 입력한다.

② R을 다운로드하기 위해서 해당 URL을 클릭하거나, ③ CRAN-Mirrors를 클릭한다.

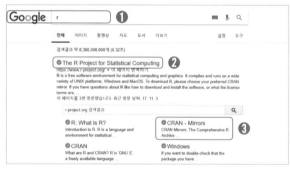

www.r-project.org

download R을 클릭하면 왼쪽 그림과 같이 다른 창으로 넘어가게 된다.

① 웹브라우저(explore 또는 chrome) 주소 창에서 www.r-project.org 주소를 입력한다.

② Download 또는 CRAN을 클릭한다.

• 사이트에 접속을 하면 왼쪽에 보이는 것이 바로 다양한 리소스 자료들이다.

• 2018년 7월 2일 3.5.1 버전이 업데이트되었다.

① 각 국가별로 제공되는 CRAN Mirrors 중에서 스크롤바를 아래로 내려서 Korea를 찾는다. 그다음 아래 5군데 URL 중에서 선택하여 다운로드를 받으면 된다. 본 책에서는 2번째를 클릭하여 다운로드를 진행하였다(현재 보이는 URL은 5개이지만, 4번째와 5번째 URL은 같다. URL은 변경이 될 수 있지만, 모두 같은 R프로그램을 제공하기 때문에, 어느 URL을 클릭해도 상관이 없다).

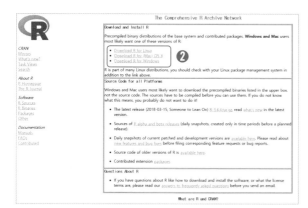

② 옆의 화면에서, Linux, Mac, Windows 중 자신의 컴퓨터(노트북)에 설치된 운영체제(OS: Operating System)에 맞는 것을 다운로드한다. 여기서는 Windows를 기준으로 설명하고자 한다.

위의 화면에서 Download R for Windows를 클릭하면 옆의 그림과 같은 화면이 나오게 된다. 4가지 유형 base, contrib, old contribute, Rtools 중에서 하나를 선택하면 된다. 여기서는 base를 선택하여 설치하고자 한다. 이를 위해 install R for the first time을 클릭한다.

옆의 화면에서 Download R 3.5.1 for Windows를 클릭하면 자동으로 다운로드가 된다.

(버전은 계속 업데이트되기 때문에 3.5.1가 아닌 다른 버전이 나오면 최신 버전을 다운로드 하면 된다.)

다운로드한 파일을 실행(더블클릭)하면 그림과 같이 보안 경고창이 뜨게 되는데, 이때 〈실행〉 버튼을 클릭한다.

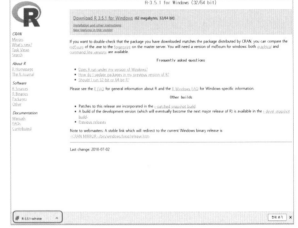

TIP

R 동작을 원활하게 하기 위한 PC의 기본 환경

- 개인용: Win7 32bit · 64bit, RAM 4G((8G 권장함))
- 기업용: Linux 64bit Dual Core, RAM 32G, Disk 2T 이상 권장함

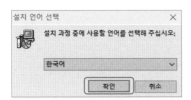

뒤이어 사용 언어 선택창이 뜬다.

설치 언어는 기본적으로 한국어로 보여지는데, 〈확인〉 버튼을 클릭하면 된다. 만약 다른 언어로 설치하고 싶으면 〈▼〉 버튼을 클릭하여 선택할 수 있다.

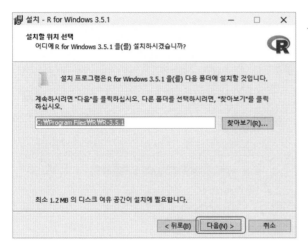

설치창이 뜨면, 〈다음〉 버튼을 클릭한다.

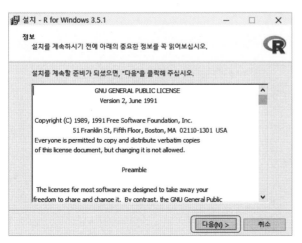

설치를 하기 전에 중요한 정보에 대한 안내사항이 나오게 된다. 내용을 읽은 후 〈다음〉 버튼을 클릭한다.

만약 설치하고자 하는 pc가 32비트면
64-bit Files는 체크 해제가 되어 있다.

- 64비트인 경우에만 그림처럼 모두 체
  크가 되어 있다.

- 여기서는 64비트만 설치하기 위해 32
  bit Files를 해제하고 설치하였다.

이어서 구성 요소 설치에 대한 창이
뜨는데, 기본적인 구성 요소이기 때문
에 특별한 조치 없이 〈다음〉 버튼을
클릭한다.

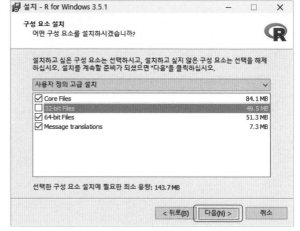

이후 '스타트업 옵션' 창이 보여진다.
우리는 기본값을 사용할 것이므로
〈No〉를 선택 후 〈다음〉 버튼을 클릭
한다.

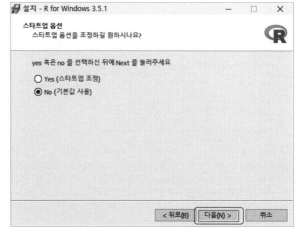

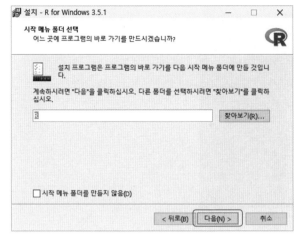

'시작 메뉴 폴더'를 선택하는 창이 뜨게 된다. 폴더를 지정하고 싶을 때는 〈찾아보기〉 버튼을 클릭하여 선택하면 된다. 여기서는 시작 메뉴 폴더를 기본적인 'R'로 하고자 하기 때문에 특별한 조치 없이 〈다음〉 버튼을 클릭한다.

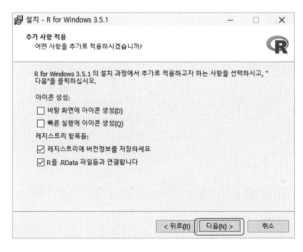

다음으로 '추가 사항 적용' 창이 뜨게 된다. '아이콘 생성'과 '레지스트리 항목'들을 선택할 수 있으며, 기본적으로 제공되는 항목을 설치하는 것이 좋기 때문에 여기에서는 '기본 사항'으로 설치하기 때문에 별다른 조치 없이 〈다음〉 버튼을 클릭한다.

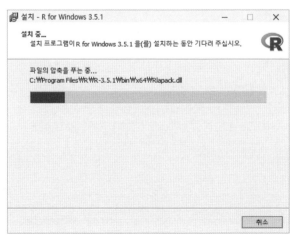

이후 설치 중 화면이 나타난다. 우측 화면은 압축 파일을 푼 후 R을 설치 중인 상황이다.

설치가 완료되면 오른쪽과 같은 창이
뜨게 된다. 〈완료〉 버튼을 클릭하면
설치가 완료된다.

설치하고자 하는 pc의 시스템 종류를
살펴보면, 옆의 그림처럼 시스템 종류
를 확인하면 된다. 현재 설치하고자
하는 pc의 비트가 나온다.
여기서는 64비트 운영체제이다.

'R'을 실행하면 그림과 같은 창이 뜨게
된다. 보이는 창이 'R console'창이며,
아래에 보이는 ' > '에 코딩하면 된다.

본 교재에서는 RStudio(R스튜디오)를 사용할 것이기 때문에 R을 사용하고자 하는 사용자라면, R cookbook*을 참고하기 바란다.

Rstudio 설치는 뒤에서 다루고자 한다.

2) RStudio 설치 및 실행

(1) RStudio의 정의

R은 통계 및 데이터 분석 관련 분야에서 수많은 사용자를 끌어들인 오픈소스 통계 프로그래밍 언어이다. R을 가지고 통계 및 데이터 분석을 할 수 있는 도구 중에 가장 일반적으로 사용되는 툴이 R스튜디오다. RStudio는 운영체제 환경(Linux, Mac, Windows 등)에 상관없이 활용할 수 있는 툴로써, 가장 보편적으로 사용되고 있다.

(2) RStudio의 장점

RStudio의 장점은 다음과 같다.
① 에디터, 콘솔, 명령어 히스토리, 시각화, 파일 탐색, 패키지 관리 등을 하나의 화면에서 보여 준다.

---

* Paul Teetor가 지은 O'Reilly Media에서 나오는 R Cookbook을 참고하면 된다. 이 교재는 무료 버전으로 오픈되어 있다. http://it-ebooks.info/book/537/ 로 가면 무료로 영문 버전의 pdf파일을 다운 받을 수 있다. 만약 한글버전이 필요하다면, 번역된 교재를 구매하여 사용하면 된다.

② 프로젝트 관점으로 파일 관리를 쉽게 해준다. 또한, 소스 코드 관리 시스템과 연계도 할 수 있게 해준다.

③ 빌트인 데이터 뷰어 내장, 플로팅 히스토리, R help 결합, Sweave(Leisch, 2002), knitr(Xie, 2013) 통합해 준다.

④ R Markdown(Allaire et al., 2013)을 내장하여 문서와 코드의 결합을 쉽게 할 수 있게 하고, 재현성 있는 분석을 가능하게 한다.

⑤ 패키지 빌드 자동화와 Rcpp(Eddelbuettel and François, 2011) 편집 환경을 제공해 준다.

⑥ 눅스, 맥, 윈도우 등 멀티 플랫폼을 모두 지원한다.

(3) RStudio의 설치 방법

이제부터 RStudio를 설치하는 방법에 대해서 살펴보고자 한다(여기서는 크롬chrome을 기준으로 설명한다).

① 웹브라우저(explore 또는 chrome) 주소 창에서 rstudio를 입력한다.
② 다운로드하기 위해 URL을 클릭하거나
③ Download RStudio를 클릭한다.

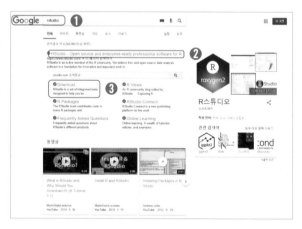

① www.rstudio.com을 입력한다.
사이트에 접속한 다음에 오른쪽에
보이는 ② 〈Download RStudio〉 버
튼을 통해 다운로드할 수 있다.

• RStudio와 관련된 다양한 리소스들인
Power IDE for R, R Packages, Bring
R to the Web를 보여 준다.

〈Download RStudio〉를 클릭하면 다
음 그림과 같은 다른 창으로 넘어가게
된다.

Desktop과 Server 버전 중에서 자신
에게 맞는 버전을 다운받으면 된다.
여기서는 Desktop 버전을 사용하고자
하므로 〈Desktop〉 버튼을 클릭한다
(노트북 PC의 경우도 Desktop 버전을 사용).
이후 그림과 같은 화면을 확인할 수 있
다. 여기에서는 하단의 〈DOWNLOAD
RSTUDIO DESKTOP〉을 클릭한다.

클릭하면 오른쪽과 같은 화면으로 넘어가게 된다. 이 창에서는 Installers for Supported Platforms 중에서 RStudio 1.1.456 - Windows Vista/7/8/10을 클릭하면 된다(본 교재에서는 Windows 버전을 사용한다).

- 클릭 후 Rstudio의 다운로드가 완료되면 설치를 해야 하는데 Rstudio가 다운로드된 위치는 웹브라우저 설정에 따라 다를 수 있다.
- 2018년 7월 19일 1.1.456 버전이 업데이트되었다.

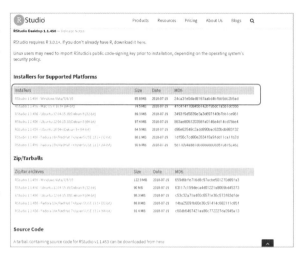

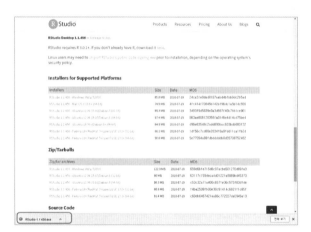

다운로드한 파일을 실행하면 'RStudio'의 '설치 시작' 화면이 뜨게 된다. 하단의 〈다음〉 버튼을 클릭한다.

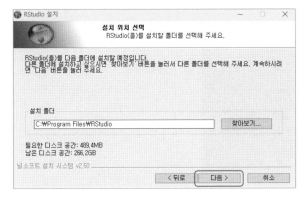

이후 설치 위치 선택 화면이 뜨게 된다.

통상 프로그램이 지정한 위치에 RStudio를 설치하게 되는데, 만약 설치할 위치를 지정하고자 한다면, 〈찾아보기〉 버튼을 클릭하여 지정한 후 〈다음〉 버튼을 클릭한다. 그렇지 않으면 아무런 조치 없이 〈다음〉 버튼을 클릭한다.

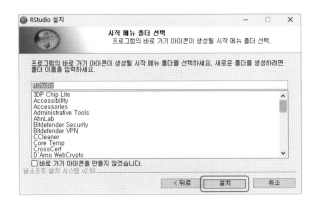

'시작 메뉴 폴더'를 선택하는 창이 뜨게 되면, 아무런 조치 없이 〈설치〉 버튼을 클릭하여 RStudio를 설치한다. 이때 '바로가기' 아이콘을 만들지 않으려면 체크 표시를 한 후 〈설치〉 버튼을 클릭한다.

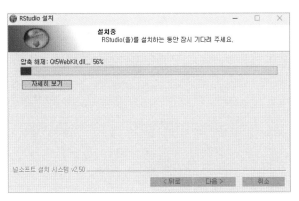

〈설치〉 버튼을 클릭 후 우측과 같은 화면으로 넘어가면서 RStudio를 설치하게 된다.

마침내 RStudio 설치가 완료되었다.

RStudio는 바탕화면에 생기지 않기 때문에 다음과 같은 방법을 사용하면 된다. 실행 방법은 다음과 같다.

시작($\blacksquare$)→RStudio→RStudio(작업표시줄에 RStudio를 고정하려면, RStudio에서 마우스 오른쪽 버튼 클릭→자세히→작업표시줄에 고정)을 클릭하면 된다.

• 윈도우 10을 기준으로 설명하였다.

RStudio를 처음 실행하면 크게 3개의 창이 한 화면에 보이게 된다. 콘솔창 오른쪽 상단의 확장 버튼을 클릭하면 소스 편집기 & 데이터뷰 창이 생성되어 4개의 창으로 재구성된다.

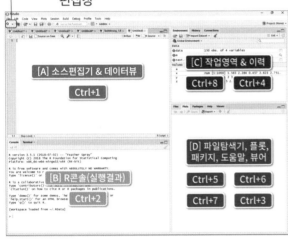

Rstudio에서는 4가지 패널창을 통해 분석 언어 R과 대화할 수 있도록 해준다. [A]는 소스를 편집할 수 있는 편집기와 데이터를 볼 수 있는 데이터뷰 창이다. [B]는 R 콘솔창이며, R에서 보는 콘솔창과 같은 기능을 한다. [A]에서 소스를 입력하면 [B]에서 실행 결과를 확인할 수 있다.

[C]는 작업 영역을 보여 주는 창이며, 사용 이력(History)도 함께 보여 주는 창이다.

[D]는 파일 탐색기, 플롯(그래프), 패키지, 도움말, 뷰어 등을 보여 주는 창이다.

상단 메뉴 중 Tools를 선택한 다음, 다음과 같은 절차를 따라 하면, 한글(데이터) 사용 엔코딩 방식으로 UTF-8을 설정할 수 있다.

Tools → Global Options를 클릭한다.

다음과 같이 옵션이 나타난다.

'옵션'에서 Code → Saving → Default
text encoding:을 클릭한다.
현재는 [Ask]로 되어 있다. 여기서
Changes…를 클릭한다.

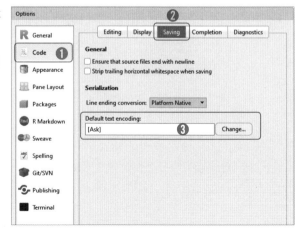

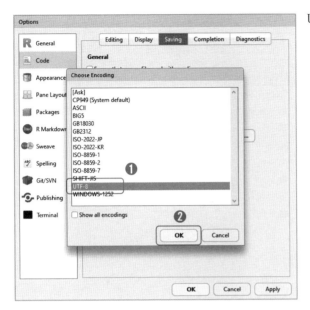

UTF-8을 선택하고 OK 버튼을 누른다.

Default text encoding이 기존의 [Ask]
에서 UTF-8로 변경되었다.
여기서 Apply를 클릭하여 설정된 변
경을 저장한다.

또한, Appearance를 클릭하면 화면창
이나 글꼴 등을 변경할 수 있다.
- 원하는 theme가 있으면 직접 선택을
  해보도록 하자.

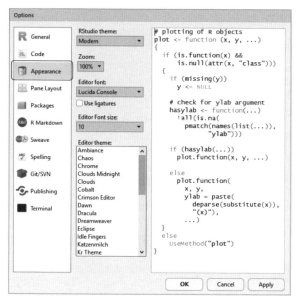

Appearance → Dracula를 클릭하면
theme가 바뀐다.

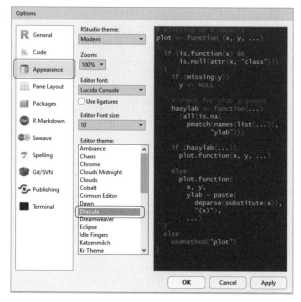

3) JDK 설치

R을 사용하면서 Java를 기반으로 하는 프로그램을 호출할 경우가 많이 있다. 특히 텍스트 마이닝을 실행하고자 하는 경우에는 JAVA 프로그램(JDK)이 필요하다.

http://cran.r-project.org/web/packages/rJava/index.html에서 Dependencies를 살펴보면 패키지 목록을 살펴볼 수 있다.

Java 설정이 특별히 문제가 되는 경우는 사용자의 윈도우 PC에 명시적으로 여러 자바 설정이 이미 되어 있는 경우에 주로 생긴다. 주로 자바 개발을 윈도우 PC에서 해왔을 경우 많이 도출되며 적절한 R 버전을 실행하지 않았을 때 또한 문제가 생긴다. 일단 자바를 전혀 설치하지 않은 PC의 경우에는 윈도우의 레지스트리에 자바 설정이 올라가며, 대부분 R에서 자바를 호출할 시 문제가 생기는 경우는 거의 없다.

기존에 PC에 JAVA가 설치되어 있는 경우 기존 JAVA 프로그램을 삭제 후 재설치하여야 오류 없이 진행할 수 있다. 본 교재에서는 JDK를 설치하고자 한다.

Google 입력창에 JDK를 입력하면 JDK 다운로드를 할 수 있는 URL이 나온다. 이 URL을 클릭한다.

다음과 같은 화면이 나오게 된다. 그러면 아래와 같이 "예"를 클릭하고 기본 설정을 제출을 클릭하면 된다.

그리고 다음 화면과 같이 닫기를 클릭하면 된다.

2018년 5월 16일 현재 JDK 8u171 버전과 8u172 버전에 제공되고 있다. 여기서는 171 버전으로 다운로드 받는다 (자바 버전은 업데이트가 자주 되기 때문에 상위 버전으로 다운로드를 받는 것을 추천한다. 2018년 8월 21일 현재 10.0.2 버전도 제공이 되고 있다). 먼저 Accept License Agreement의 옵션 단추를 클릭한다.

다운로드가 활성화된다. 그러면 Windows x64 버전을 다운로드 받으면 된다.

- 만약 pc가 32비트 버전이면 바로 위의 x86을 다운로드 받으면 된다.

JDK를 처음 실행하면 나오는 창이다.
여기서는 Next 버튼을 클릭한다.

Development Tools, Source Code,
Public JRE 등이 나온다. Next를 클릭
한다.

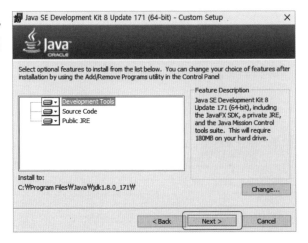

설치가 되고 있는 모습이다.

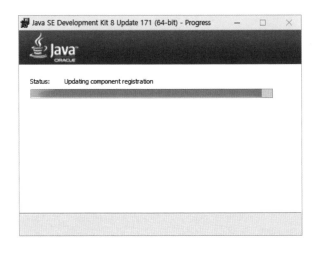

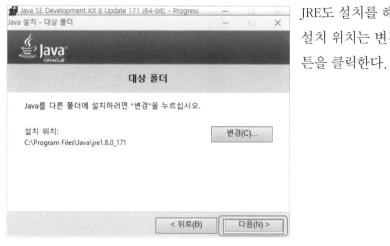

JRE도 설치를 해야 한다.
설치 위치는 변경을 하지 말고 다음 버
튼을 클릭한다.

JRE가 설치되고 있는 모습이다.

모두 설치가 끝나면 Close를 클릭한다.

JDK가 설치가 되고 나면, 환경 설정을 해주어야 한다. 그림에 나오는 순서대로 찾기 → 내 PC 입력 → 내 PC가 나타나면 마우스 오른쪽 버튼을 클릭한다.

내 PC에서 마우스 오른쪽 버튼을 클릭하고 속성 버튼을 클릭한다.

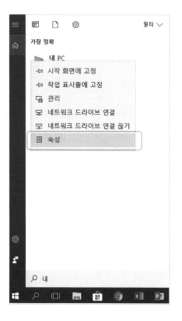

내 PC의 속성을 클릭하고 나면 다음과 같은 창이 나오게 된다.

여기서 고급 시스템 설정을 클릭하면 시스템 속성 창이 뜨게 된다. 여기서 환경변수를 클릭한다.

환경 변수를 클릭하면 다음과 같이 환경 변수 창이 뜨게 된다. 여기에서 시스템 변수의 새로 만들기를 클릭한다.

새 시스템 변수 창이 뜨게 된다. 여기서 변수 이름과 변숫값을 입력해야 한다. 다음과 같이 3가지를 모두 입력해야 한다.

❶ 변수 이름(N) : CLASSPATH
변숫값(V)　　: %classpath%;

❷ 변수 이름(N) : JAVA_HOME
변숫값(V)　　: C:\Program Files\Java\jdk1.8.0_171

❸ 변수 이름(N) : path
변숫값(V)　　: C:\Program Files\Java\jdk1.8.0_171\bin;

다음 그림과 같이 변수 이름과 변숫값을 입력해야 한다. ①, ②, ③ 순서대로 새로 만들기를 클릭하여 모두 입력한다.

JDK 8u171을 다운받아 설치하면,
로컬디스크 C에는 다음과 같이 경로로 설정이 된다.

C:\Program Files\Java\jdk1.8.0_171

만약 8u172 → 1.8.0_172로 입력을 해야 함

JDK가 올바르게 설치가 되었다는 것을 확인하기 웨해서는 내 PC → C: → Program Files → JAVA를 클릭한다. 그러면 다음 그림처럼 JDK, JRE 2개의 폴더가 생성되어 있어야만 한다. 만약 2개의 폴더가 없다면 설치가 제대로 된 것이 아니다.

제대로 설치가 된 것인지 확인하기 위해서 찾기 → cmd를 입력하거나 내 PC에서 명령 프롬프트를 찾으면 된다. 여기서는 cmd를 입력하였다.

먼저 자바를 설치한 뒤, 환경 변수를 설정해 주어야 컴퓨터에서 자바가 정상적으로 작동이 된다. 설치 JAVA 환경 변수 설정은 다음과 같은 방식으로 한다.

만약 윈도우 7을 사용하는 사용자라면 다음과 같이하면 된다. [시작]-[내 컴퓨터]-[마우스 우클릭]-[속성] 선택하고 [고급 시스템 설정]-[환경 변수]-[시스템 변수]-[새로 만들기] 순으로 하면 된다.

TIP

R[사용자 변수] 말고 아래쪽의 [시스템 변수]에서 만들어야 한다. 아래와 같은 3개의 환경 변수를 만들면 된다.(그림1, 그림2, 그림3 참조)

- 변수 이름 : CLASSPATH
  변숫값   : %classpath%;.
- 변수 이름 : JAVA_HOME
  변숫값   : C:\Program Files\Java\jdk1.8.0_171
- 변수이름 : path
  변숫값   : C:\Program Files\Java\jdk1.8.0_171\bin;

기존에 JAVA가 설치된 경우라면, 삭제하고 다시 설치하는 것이 좋다. 또한, 변숫값 뒤의 1.8.0_171은 "8u171" 버전이고, 만약 8u172 버전이면 뒤의 171 대신 "172"를 넣으면 된다.

바로 전에 설치한 JDK와 JRE가 정상적으로 설치되고 설정되었는지를 확인해 보자.

아래와 같이 3가지를 모두 확인을 하면 된다. 먼저, 윈도우의 시작의 검색 창에 cmd를 입력해서 실행시키면 다음과 같은 명령 프롬프트(검은색) 창이 나타난다.

1. 명령 프롬프트 창에 java -version을 입력한다.

- java version이 1.8.0_171으로 나온다. 설치한 JDK 버전과 같으면 정상이다. 여기서는 JDK 8버전으로 확인하는 것을 기준으로 한다, 만약 교재와 같이 JDK 9버전으로 설치를 하게 되면, 1.9.0_***으로 나오게 되며, 버전마다 다르다는 것에 반드시 유의해야만 한다.

2. 명령 프롬프트 창에 java를 입력한다.
   아래와 같이 나오면 정상이다.

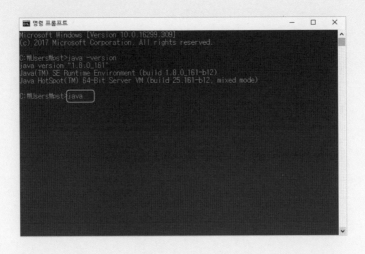

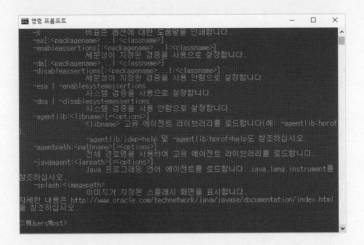

3. 명령 프롬프트 창에 javac를 입력한다.
   아래와 같이 나오면 정상이다.

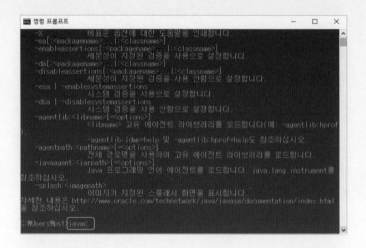

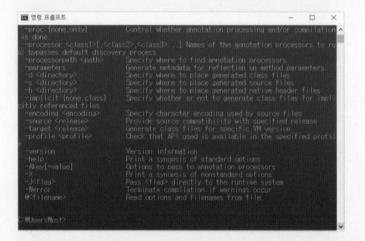

3 R 기초

R에서는 일반적인 프로그래밍 언어에서 쓰이는 정수, 부동소수 문자열들을 기본적으로 지원하며, Vector, Matrix, Data frame, List와 같은 자료 구조도 처리가 가능하다.

1) 변수

R에서 사용하는 문장의 형식에는 다음과 같은 특징을 가지고 있다.

- R 콘솔 창에 직접 R 명령어를 입력할 경우에는 default prompt(>) 다음에 명령어를 입력하면 된다.
- 할당문 객체(변수)에 값을 할당할 때에는 ⟨-, =, -⟩ 기호를 사용한다.
- omments(주석)는 #(hashmark) 사용한다.
- R 명령어(문장)가 한 줄 이상에 걸쳐서 들어올 때 연속 기호(+)를 사용한다. (명령어가 길어서 다음 줄로 이어서 쓸려고 할 경우, 뒤에서 enter를 쳐서 진행하거나 끊어서 진행하고자 하는 곳에서 shift+enter를 사용하면 된다.)

R에서 사용하는 변수는 다음과 같은 특징을 가지고 있다.

- 예약어를 제외한 모든 영문자와 숫자의 조합으로 만들 수 있다.
- 변수 이름으로 사용할 수 없는 것으로는 하나의 문자로 된 이름 c, q, t, C, D, F, I, T와 diff, df, pt 등이다. (함수와 이름이 같거나, true와 같은 진릿값으로 지정된 문자이다.)
- 대소문자를 구분하며, 최대 이름 길이는 256자이다.
- 변수 이름을 숫자나 '_'로 시작할 수 없다.

① 객체(Object)

값을 저장하기 위한 저장 공간을 말한다. 객체(변수)에 값을 할당할 때에는 〈-, =, -〉 기호를 사용한다.

소스 편집기([A])에 아래와 같이 입력을 한다. 입력한 다음 각 라인을 소스 편집기 오른쪽 상단의 실행(Run)버튼을 클릭하거나 Ctrl + Enter를 입력하여 실행한다.

```
a <- 10
6 -> b
c = a+b
print(c)
```

콘솔 창([B])에 아래와 같은 결과가 나온다.

```
> a <- 10
> 6 -> b
> c = a+b
> print(c)
[1] 16
```

위에서 '〈-, =, -〉'는 값을 변수에 할당한다는 것을 의미한다. a라는 변수에 10, 6을 b라는 변수, a + b의 결괏값을 c라는 변수에 저장한다. print 함수를 통하여 c의 값을 출력한다.

R은 기본적으로 문자 데이터 타입이 없기 때문에, 문자열로 처리한다. 객체에 문자열을 저장하기 위해서는 '' 혹은 ""을 사용한다.

② 문자열

R은 다른 프로그램들과 달리 문자 데이터 타입이 없기 때문에 문자열로 처리해야 한다. 문자열은 '' 와 ""을 통해서 입력한다.

```
> a <- "korea"
> a
[1] "korea"
> x = 'big'
> x
[1] "big"
> y = 'data'
> y
[1] "data"
> paste(x,y)
[1] "big data"
```

- paste 함수를 사용하면 객체 두 개를 합쳐서 출력할 수 있다.

③ 진릿값

진릿값은 데이터를 비교하여 참일 경우 TRUE, 거짓일 경우 FALSE를 반환한다. 따라서 T는 참, F는 거짓으로 나타낸다.

AND(&) - 곱하기 :
양쪽 데이터가 모두 참일 경우 true, 거짓일 경우 false

OR(|) - 더하기 :
한 가지만 참이어도 결과를 true로 반환

NOT(!) :
해당 데이터가 아닌 것, 즉 반대의 결과 반환

- 조건부 논리 연산자 (conditional logical operator/ short-circuiting) : && ||
조건부 논리 연산자는 앞의 조건을 만족하면 뒤의 조건들은 무시한다는 의미이다.

```
> TRUE & TRUE
[1] TRUE
> TRUE & FALSE
```

```
[1] FALSE
> TRUE || TRUE
[1] TRUE
> TRUE || FALSE
[1] TRUE
> !TRUE
[1] FALSF
> !FALSE
[1] TRUE
> c(TRUE , TRUE ) && c(TRUE , FALSE )
[1] TRUE
> c(TRUE , FALSE ) && c(TRUE , FALSE )
[1] TRUE
> c(TRUE , TRUE ) || c(TRUE , FALSE )
[1] TRUE
> c(TRUE , FALSE ) || c(TRUE , FALSE )
[1] TRUE
> c(FALSE , FALSE ) || c(FALSE , FALSE )
[1] FALSE
```

④ NA / NULL

- NA(Not Available)

단어 그대로 값이 없다는 의미로 아무것도 가리키지 않는다는 것을 의미한다. 따라서 누락된 값이라는 의미로 '결측치'라고 한다.

NA 예시를 보면 다음과 같다.

```
score <- c(96, 72, 64, 80, NA)
is.na(score)
mean(score, na.rm = T)
```

콘솔 창에 아래와 같은 결과가 나온다.

```
> score <- c(96, 72, 64, 80, NA)
> is.na(score)
[1] FALSE FALSE FALSE FALSE  TRUE
> mean(score, na.rm = T)
[1] 78
```

- NULL

아무것도 없다는 의미로 데이터 값이 아무것도 가리키지 않는다는 것을 나타낸다.

NA(Not Available)가 결측치, 데이터 존재하지 않는다는 것이고(DB 의 NULL 과 동일한 의미), NULL은 NULL 객체, 객체를 정의되지 않은 상태로 만들고자 할 때 사용한다.

즉 결측치는 하나의 요소의 의미, NULL은 객체의 의미한다. is.null()을 사용하면, NULL 에 할당된 변수 확인이 가능하다.

NULL의 예시를 보면 다음과 같다.

소스 편집기에 다음과 같이 입력한 다음 실행한다.

```
x<-NULL
y<- 1:13
is.null(x)
is.null(y)
is.na(NULL)
```

콘솔 창에 아래와 같은 결과가 나온다.

```
> x<-NULL
> y<- 1:13
> is.null(x)
[1] TRUE
> is.null(y)
[1] FALSE
> is.na(NULL)
logical(0)
```

> NA와 NULL은 쉽지만 혼동하기 쉬운 개념이다.
>
> 예를 들어 어떤 제품의 만족도를 조사하고자 할 때, 5명의 평가 점수 중 한 명이 누락되어 있다면 (96, 72, 64, 80, NA) 마지막 사람의 점수를 알 수 없기 때문에 평균을 구할 수 없다. 즉 자리는 차지하고 있지만 존재하지 않는 것을 NA라고 한다.
>
> • 데이터에 NA 값이 있는지 확인하고 싶다면 in.na(변수명)
> • NA 값을 제외하고 계산을 하고자 한다면 na.rm=T 라는 함수를 사용

2) 자료 구조

① 자료 형태(mode)

R에서 해당 객체를 메모리에 어떻게 저장할 것인지를 가리키는 것이 "mode"이다. scalar mode type에는 숫자형(numeric), 문자형(character), 논리형(logical), 복소수형(complex)이 있다. 형이 자동 변화될 때는 우선순위가 있는데 우선순위는 다음과 같다.

- 논리형 〈 숫자형 〈 복소수형 〈 문자형

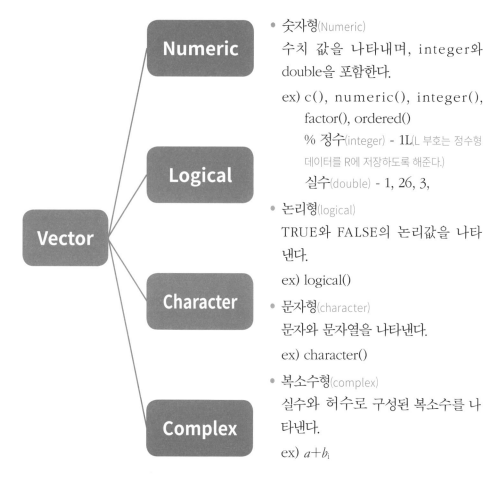

- 숫자형(Numeric)

  수치 값을 나타내며, integer와 double을 포함한다.

  ex) c(), numeric(), integer(), factor(), ordered()

  % 정수(integer) - 1L(L 부호는 정수형 데이터를 R에 저장하도록 해준다.)

  실수(double) - 1, 26, 3,

- 논리형(logical)

  TRUE와 FALSE의 논리값을 나타낸다.

  ex) logical()

- 문자형(character)

  문자와 문자열을 나타낸다.

  ex) character()

- 복소수형(complex)

  실수와 허수로 구성된 복소수를 나타낸다.

  ex) $a+b_i$

② 벡터(Vector)

일반적으로 가장 기본적인 데이터 셋의 형태를 벡터라고 하며, R에서 하는 모든 것이 벡터라고 할 수 있다. 하나 이상의 숫자나 문자 등의 집합을 말한다.

일반적인 변수와 마찬가지로 벡터 역시 character(문자), numeric(실수), integer(정수), logical(논리) 등의 4가지 타입으로 분리된다. 중요한 것은 한 벡터 내의 타입은 항상 같아야 한다는 것이다. 만약 다른 타입의 데이터를 혼합하여 저장하면 한 가지 타입으로 자동 변환된다. 중첩된 구조로 사용하고 싶다면 list를 사용하면 된다.

벡터를 만드는 가장 간단한 방법은 함수 c()를 사용하는 것이다. 함수 c()에 벡터로 구성하고 싶은 값들은 열거하면 원하는 벡터를 만들 수 있다.

c() 함수를 통해 소스 편집기에 다음과 같이 입력하여 실행한다.

```
vec <- c(1,2,3,4,5,6,7,8,9,10)
vec
vec2 <- c(1,2,3,4,5,6,7,8,9,10)
vec2
```

콘솔 창에 다음과 같은 결과가 출력된다.

```
> vec <- c(1,2,3,4,5,6,7,8,9,10)
> vec
 [1]  1  2  3  4  5  6  7  8  9 10
> vec2 <- c(1,2,3,4,5,6,7,8,9,10)
> vec2
 [1]  1  2  3  4  5  6  7  8  9 10
```

벡터를 만들 때 숫자형 데이터의 경우 시작값 : 끝값(start : end) 형식으로도 생성이 가능하다.

또한, 각 셀에 names() 함수를 사용하여 이름을 붙일 수 있다.

소스 편집기에 다음과 같이 입력하여 실행한다.

```
metropolitan <- 1:8
metropolitan
names(metropolitan) <- c("seoul", "busan", "daejeon", "daegu",
"gwangju", "ulsan", "incheon", "sejong")
metropolitan
```

콘솔 창에 다음과 같은 결과가 출력된다.

```
> metropolitan <- 1:8
> metropolitan
[1] 1 2 3 4 5 6 7 8
> names(metropolitan) <- c("seoul", "busan", "daejeon", "daegu",
"gwangju", "ulsan", "incheon", "sejong")
> metropolitan
  seoul  busan daejeon  daegu gwangju  ulsan incheon sejong
      1      2       3      4       5      6       7      8
```

벡터를 만들 때 c() 함수 이외에도 연속된 값을 생성하는 seq()와 일정한 패턴을 통해
값을 생성하는 rep()를 통해서도 생성이 가능하다.

소스 편집기에 다음과 같이 입력하여 실행한다.

```
seq(1:20)
seq(1,20,2)

rep(1:10, 3)
rep(1:10, each = 3)

sequence(c(2,4,6))
```

콘솔 창에 다음과 같은 결과가 출력된다.

```
> seq(1:20)
[1]  1  2  3  4  5  6  7  8  9 10 11 12 13 14 15 16 17 18 19 20
> seq(1,20,2)
[1]  1  3  5  7  9 11 13 15 17 19
> rep(1:10, 3)
```

```
[1]  1  2  3  4  5  6  7  8  9 10  1  2  3  4  5  6  7  8  9 10  1  2
 3  4  5  6  7  8  9 10
> rep(1:10, each = 3)
[1]  1  1  1  2  2  2  3  3  3  4  4  4  5  5  5  6  6  6  7  7  7  8
 8  8  9  9  9 10 10 10
> sequence(c(2,4,6))
[1] 1 2 1 2 3 4 1 2 3 4 5 6
```

rep() 함수에 each 라는 함수를 추가하면 각 숫자를 반복해서 생성하며, sequence() 함수의 경우 지정한 숫자를 연속해서 생성한다.

벡터 내의 데이터를 '[ ]'를 통해서 출력하거나 '%in%' 연산자를 통해 벡터에 원하는 값이 들어 있는지 확인할 수 있으며, '[-]'를 통해서 특정한 요소를 제거할 수 있다. 또한, length와 NROW() 함수를 통해서 벡터의 길이를 알 수 있다. nrow()는 행렬(Matrix) 사용하는 함수이며, NROW()는 인자가 벡터인 경우 벡터를 n행 1열의 행렬로 취급한다는 것에 유의해야 한다.

소스 편집기에 다음과 같이 입력하여 실행한다.

```
x <- c("a", "b", "c", "d", "e")

"e" %in% x
"f" %in% x

x[-3]
x

length(x)
nrow(x)
NROW(x)
```

콘솔 창에 다음과 같은 결과가 출력된다.

```
> x <- c("a", "b", "c", "d", "e")
> "e" %in% x
[1] TRUE
> "f" %in% x
[1] FALSE
> x[-3]
[1] "a" "b" "d" "e"
> x
[1] "a" "b" "c" "d" "e"
> length(x)
[1] 5
> nrow(x)
NULL
> NROW(x)
[1] 5
```

③ 행렬(Matrix) 과 배열(Array)

벡터는 단지 원소를 하나의 열로 열거를 해놓은 것이지만, 행렬은 행과 열에 수를 배열하여 직사각형 형태로 수를 이루는 집합을 말한다. 행렬의 행과 열은 1부터 시작하며, 행 우선 방식 혹은 열 우선 방식으로 선택할 수 있다. 행 우선 형태로 바꾸어 주려면 "byrow = T"라고 붙여주면 된다. 행렬을 차원으로 분리할 때는 dim() 함수를 사용한다.

소스 편집기에 다음과 같이 입력하여 실행한다.

```
mat <- 1:12
mat2 <- matrix(mat, nrow=3, ncol = 4)
mat2
mat3 <- matrix(mat, nrow=3, ncol = 4, byrow = T)
mat3
```

```
dim(mat)
dim(mat) <- c(3,4)
mat
```

콘솔 칭에 다음과 같은 걸과가 출력된다.

```
> mat <- 1:12
> mat2 <- matrix(mat, nrow=3, ncol = 4)
> mat2
     [,1] [,2] [,3] [,4]
[1,]    1    4    7   10
[2,]    2    5    8   11
[3,]    3    6    9   12
> mat3 <- matrix(mat, nrow=3, ncol = 4, byrow = T)
> mat3
     [,1] [,2] [,3] [,4]
[1,]    1    2    3    4
[2,]    5    6    7    8
[3,]    9   10   11   12
> dim(mat)
NULL
> dim(mat) <- c(3,4)
> mat
     [,1] [,2] [,3] [,4]
[1,]    1    4    7   10
[2,]    2    5    8   11
[3,]    3    6    9   12
```

④ 리스트(List)

여러 가지 데이터 타입을 가지는 데이터 구조이다. 객체에 백터나 행렬을 하나의 리스트로 정리해서 저장할 수 있다. list() 함수를 통해서 리스트를 생성한다.

리스트는 이질적이고 여러 가지 자료 형태를 포함할 수 있다.

소스 편집기에 다음과 같이 입력하여 실행한다.

```
list1 <- list(0.1, 1, 5, 10, 100, 1000)
list1

list2 <- list(21, "Soccer", c(6, 4))
list2

worldcup <- list(Russia = 21, Urusuay = 1, Spain = 12, Korea = 17)
worldcup
```

콘솔 창에 다음과 같은 결과가 출력된다.

```
> list1 <- list(0.1, 1, 5, 10, 100, 1000)
> list1
[[1]]
[1] 0.1

[[2]]
[1] 1

[[3]]
[1] 5

[[4]]
[1] 10

[[5]]
[1] 100

[[6]]
[1] 1000

> list2 <- list(21, "Soccer", c(6, 4))
> list2
[[1]]
```

```
[1] 21

[[2]]
[1] "Soccer"

[[3]]
[1] 6 4

> worldcup <- list(Russia = 21, Urusuay = 1, Spain = 12, Korea = 17)
> worldcup
$`Russia`
[1] 21

$Urusuay
[1] 1

$Spain
[1] 12

$Korea
[1] 17
```

리스트에서 원하는 값을 다음과 같이 불러올 수 있다,

- worldcup[[n]] : 리스트에 n번째 원소를 선택한다.

- worldcup[c(n1, n2, …, nk)] : 위치로 선택된 원소들로 된 리스트를 반환한다.

소스 편집기에 다음과 같이 입력하여 실행한다.

```
worldcup[4]
worldcup[c(2,3)]
```

콘솔 창에 다음과 같은 결과가 출력된다.

```
> worldcup <- list(Russia = 21, Urusuay = 1, Spain = 12, Korea = 17)
> worldcup
$`Russia`
[1] 21

$Urusuay
[1] 1

$Spain
[1] 12

$Korea
[1] 17

> worldcup[4]
$`Korea`
[1] 17

> worldcup[c(2,3)]
$`Urusuay`
[1] 1

$Spain
[1] 12
```

list에서는 통계함수를 통한 연산이 불가능하기 때문에 연산을 하기 위해서는 다시 벡터로 변환해야 한다. 리스트 구조를 벡터로 만들어 주는 함수가 unlist()이다.

소스 편집기에 다음과 같이 입력하여 실행한다.

```
weight <- list(c(56,65,72,86,99, 106))
mean(weight)
```

```
mean(unlist(weight))
```

콘솔 창에 다음과 같은 결과가 출력된다.

```
> weight <- list(c(56,65,72,86,99, 106))
> mean(weight)
[1] NA
Warning message:
In mean.default(weight) :
  인자가 수치형 또는 논리형이 아니므로 NA를 반환합니다
> mean(unlist(weight))
[1] 80.66667
```

list의 값에 NULL이 있을 경우 sapply 함수를 통해 처리한다. sapply 함수는 다음과 같은 특징을 가지고 있다.

- sapply() 함수를 호출하고, is.null() 함수를 리스트의 모든 원소에 적용한다.
- sapply()가 논리값의 벡터를 반환한다.
- 인덱스(index)를 통해 벡터가 가지고 리스트에서 값을 선택한다.
- 선택한 항목을 NULL에 대입하여 리스트에서 제거한다.

소스 편집기에 다음과 같이 입력하여 실행한다.

```
weight2 <- list(NULL,56,65,72,86,99, 106)
weight2
weight2[sapply(weight2, is.null)] <- NULL
weight2
```

콘솔 창에 다음과 같은 결과가 출력된다.

```
> weight2 <- list(c(NULL,56,65,72,86,99, 106))
> weight2
[[1]]
[1]  56  65  72  86  99 106

> weight2[sapply(weight2, is.null)] <- NULL
> weight2
[[1]]
[1]  56  65  72  86  99 106
```

⑤ 요인(Factor)

요인(Factor)은 범주형 변수를 위한 데이터 타입으로서, 벡터에 LEVEL이라는 추가적인
요소가 포함된 것이다.

소스 편집기에 다음과 같이 입력하여 실행한다.

```
BloodType <- c("A","B","O","AB","A","A", "AB","O","B","AB", "B")

BT <- factor(BloodType)

BT
```

콘솔 창에 다음과 같은 결과가 출력된다.

```
> BloodType <- c("A","B","O","AB","A","A", "AB","O","B","AB", "B")
> BT <- factor(BT)
> BT
[1] A  B  O  AB A  A  AB O  B  AB B
Levels: A AB B O
```

위 코드에서 보이는 것처럼 BloodType이라는 벡터 안에 factor() 함수를 사용하여 BT 에서는 A, AB, B, O 로 범주가 분리되어 있는 것을 알 수 있다.

Factor 변수는 level() 함수와 nlevel() 함수를 통해서 범주의 목록과 수를 알 수 있다. 또한, 앞에서 코드와 비슷하게 levels() [n]을 활용하면 해당하는 level을 볼 수가 있다. 마지막으로 summary()라는 함수를 사용하면 데이터의 기본적인 정보를 볼 수 있다. 여기서는 일반적인 factor이기 때문에 빈도만 출력된다.

소스 편집기에 다음과 같이 입력하여 실행한다.

```
levels(BT)
nlevels(BT)

levels(BT) [1]
levels(BT) [4]

summary(BT)
```

콘솔 창에 다음과 같은 결과가 출력된다.

```
> levels(BT)
[1] "A"  "AB" "B"  "O"
> nlevels(BT)
[1] 4
> levels(BT) [1]
[1] "A"
> levels(BT) [4]
[1] "O"
> summary(BT)
  A AB  B  O
  3  3  3  2
```

factor()는 기본적으로 범주형 데이터를 생성하지만, 만약 순서가 있는 데이터라면 ordered()를 사용하거나 factor()를 사용할 때 ordered=TRUE를 지정하여 순서형 변수로 만들 수 있다.

소스 편집기에 다음과 같이 입력하여 실행한다.

```
ordered (c("1", "2", "3", "4", "5", "6"))

factor (c("1", "2", "3", "4", "5", "6"), ordered = TRUE )
```

콘솔 창에 다음과 같은 결과가 출력된다.

```
> ordered (c("1", "2", "3", "4", "5", "6"))
[1] 1 2 3 4 5 6
Levels: 1 < 2 < 3 < 4 < 5 < 6
> factor (c("1", "2", "3", "4", "5", "6"), ordered = TRUE )
[1] 1 2 3 4 5 6
Levels: 1 < 2 < 3 < 4 < 5 < 6
```

⑥ 데이터 프레임(Data Frame)

데이터 프레임은 분석을 위해서 가장 많이 사용되는 자료 형식으로, R의 가장 핵심적인 자료 구조라고 할 수 있다. 숫자와 문자 등의 다양한 데이터를 하나의 테이블에 담을 수 있는 자료 구조로써 직접 입력한 데이터뿐만 아니라 외부에서 데이터를 불러왔을 때도 분석을 위해서 모두 데이터 프레임으로 변환시켜야 한다. 데이터 프레임을 통해서 같은 길이에 벡터 또는 factor로 이루어진 데이터 셋을 행렬과 비슷하게 열에는 변수, 행에는 관측치가 들어가지만, 행렬과 달리 서로 다른 형태의 자료를 포함할 수 있다는 차이점이 있다.

소스 편집기에 다음과 같이 입력하여 실행한다.

```
df <- data.frame(x=c(1,3,5,7,9), y=c(2,4,6,8,10))
df
```

콘솔 창에 다음과 같은 결과가 출력된다.

```
> df
  x  y
1 1  2
2 3  4
3 5  6
4 7  8
5 9 10
```

위와 같이 data.frame()을 통해서 데이터 셋을 구성할 수 있다. 여기에 추가적으로 데이터 추가도 가능하다.

소스 편집기에 다음과 같이 입력하여 실행한다.

```
df <- data.frame(x=c(1,3,5,7,9), y=c(2,4,6,8,10), g=c(11,13,15,17,19),
z=c(12,14,16,18,20))
df
```

콘솔 창에 다음과 같은 결과가 출력된다.

```
> df <- data.frame(x=c(1,3,5,7,9), y=c(2,4,6,8,10), g=c(11,13,15,17,19),
z=c(12,14,16,18,20))
> df
  x y  g  z
1 1 2 11 12
2 3 4 13 14
```

```
3 5  6 15 16
4 7  8 17 18
5 9 10 19 20
```

다음과 같이 실제 데이터 프레임 데이터 셋을 구성할 수 있다.

소스 편집기에 다음과 같이 입력하여 실행한다.

```
metropolitan <- c("seoul", "busan", "daejeon", "daegu", "gwangju",
"ulsan", "incheon", "sejong")
areacode <- c("02", "051", "042", "053", "062", "052", "032", "044")
city <- data.frame(metropolitan, areacode)
```

콘솔 창에 다음과 같은 결과가 출력된다.

```
> areacode <- c("02", "051", "042", "053", "062", "052", "032",
"044")
> city <- data.frame(metropolitan, areacode)
> city
  metropolitan areacode
1       seoul       02
2       busan      051
3     daejeon      042
4       daegu      053
5     gwangju      062
6       ulsan      052
7     incheon      032
8      sejong      044
> metropolitan <- c("seoul", "busan", "daejeon", "daegu", "gwangju",
"ulsan", "incheon", "sejong")
> areacode <- c("02", "051", "042", "053", "062", "052", "032",
"044")
> city <- data.frame(metropolitan, areacode)
> city
  metropolitan areacode
```

```
1      seoul      02
2      busan     051
3    daejeon     042
4      daegu     053
5    gwangju     062
6      ulsan     052
7    incheon     032
8     sejong     044
```

상황에 따라서 다음과 같이 데이터 프레임에 열을 추가하거나 삭제할 수 있다.

소스 편집기에 다음과 같이 입력하여 실행한다.

```
price <- c("1", "2", "3", "4", "5", "6", "7", "8")
city$price <- price
city

city <- subset(city, select= - price)
city
```

콘솔 창에 다음과 같은 결과가 출력된다.

```
> price <- c("1", "2", "3", "4", "5", "6", "7", "8")
> city$price <- price
> city
  metropolitan areacode price
1      seoul       02     1
2      busan      051     2
3    daejeon      042     3
4      daegu      053     4
5    gwangju      062     5
6      ulsan      052     6
7    incheon      032     7
```

```
8        sejong      044      8
> price <- c("1", "2", "3", "4", "5", "6", "7", "8")
> city$price <- price
> city
  metropolitan areacode price
1        seoul        02      1
2        busan       051      2
3      daejeon       042      3
4        daegu       053      4
5      gwangju       062      5
6        ulsan       052      6
7      incheon       032      7
8       sejong       044      8
> city <- subset(city, select= - price)
> city
  metropolitan areacode
1        seoul        02
2        busan       051
3      daejeon       042
4        daegu       053
5      gwangju       062
6        ulsan       052
7      incheon       032
8       sejong       044
```

위의 코드에서 데이터를 추가할 때 보이는 것처럼 변수를 선택할 때, $ 코드를 사용하여 데이터 $ 변수 형식(city$price)으로 지정한다.

데이터 열에서는 자동으로 행과 열에 이름이 부여가 되면 상황에 따라서 자유롭게 변경을 할 수 있다.

```
rownames(city)
colnames(city)
```

```
rownames(city) <- c("seoul", "busan", "daejeon", "daegu", "gwangju",
"ulsan", "incheon", "jeju")
colnames(city) <- c("metro", "code")

city
```

콘솔 창에 다음과 같은 결과가 출력된다.

```
> rownames(city)
[1] "seoul"   "busan"   "daejeon" "daegu"    "gwangju" "ulsan"
"incheon" "jeju"
> colnames(city)
[1] "metro" "code"
> rownames(city) <- c("seoul", "busan", "daejeon", "daegu",
"gwangju", "ulsan", "incheon", "jeju")
> colnames(city) <- c("metro", "code")
> city
         metro code
seoul     seoul  02
busan     busan  051
daejeon daejeon  042
daegu     daegu  053
gwangju gwangju  062
ulsan     ulsan  052
incheon incheon  032
jeju     sejong  044
```

3) 데이터 저장 & 불러오기

① 데이터 편집하기

R은 오픈소스로서 여러 가지 데이터를 편집할 수 있는 함수와 기능을 제공한다. 하지만 R에서 데이터를 정제하고 편집하는 것은 너무나 비효율적인 작업이라고 할 수 있다. 따라서 기존의 excel이나 SPSS 등의 프로그램에서 데이터를 정제한 후에 데이터를 불러와

서 분석하는 것을 권장한다.

앞에서 언급한 것처럼 R에서는 txt, excel, spss 등의 여러 다른 프로그램에서 사용하던 데이터를 불러와서 분석이 가능하다. 불러오는 방법은 매우 다양하며, 이 책에서 설명하는 방법은 일반적으로 가장 많이 사용하는 방법에 대해서 설명한다.

R에서 작업을 하기 위해서는 작업 폴더 경로를 설정해야 하며, 설정하는 방법은 setwd(파일경로) 함수를 통해서 설정한다.

```
setwd("C:/bigR")
```

```
setwd("~/bigR") # mac os 에서는 c: 드라이브라는 개념이 없기 때문에
"~/폴더 이름"으로 지정할 수 있다.
```

작업 폴더가 현재 어디로 되어 있는지 혹은 setwd 함수를 통해 제대로 설정이 되었는지 확인하기 위해서는 콘솔 창(consol) 회색 음영 부분이나 getwd() 함수를 통해서 확인이 가능하다.

```
getwd()
```

```
53   setwd("C:/bigR")
54   |

54:1   (Top Level) ⇕

Console   Terminal ×

C:/bigR/ ↝
```

```
> getwd()
[1] "C:/bigR"
```

② 데이터 불러오기

• R에서 txt 파일 불러오기

(작업폴더를 설정한 후에 파일을 불러온다.) TXT 파일을 불러오기 위해서는 read.delim 함수를 사용한다.

R에서 사용할 데이터명을 지정한 후 read.delim 힘수를 통해서 bigdata.txt 데이터를 가져온다.

(* bigdata.txt 부분에 filename.txt로 설정해 주면 된다.)

```
bigdata <- read.delim("bigdata.txt")
```

• R에서 csv 파일 불러오기

csv는 매우 오래된 파일 포맷으로서, R에서 가장 많이 사용하는 파일 형식이다. csv 파일은 엑셀에서는 스프레드 시트에서 보이지만, 실제로는 각 데이터가 콤마(,)로 구분되어 저장되기 때문에 R에서 사용할 때 가장 오류가 적은 포맷으로서 R에서 데이터 작업 시 csv 파일을 불러오는 것을 권장한다.

csv 파일을 불러오기 위해서는 read.csv 함수를 사용한다.

R에서 사용할 데이터명을 지정한 후 read.csv 함수를 통해서 bigdata.csv 데이터를 가져온다. 뒷부분에 header = TRUE의 의미는 데이터의 첫 줄이 변수의 이름으로 되어 있다는 것을 알려준다.

```
bigdata <- read.csv("bigdata.csv", header= TRUE)
```

- R에서 xlsx 파일 불러오기

 앞에서 언급한 것처럼 대부분의 작업은 csv로 하는 것을 권장한다. 하지만 R에서는 다른 파일 형식의 파일 데이터도 사용이 가능하다. 특히 일반적으로 많이 사용하는 엑셀2007 이후에 저장 형식인 xlsx도 불러올 수 있다. 이 책에서는 xlsx, XLConnect, readxl 패키지를 사용한다.

 첫 번째로 xlsx 패키지를 통해서 xlsx 파일 형식을 불러오는 방법이다.

 R에서 사용할 데이터명을 지정한 후 read.xlsx 함수를 통해서 bigdata.xlsx 데이터를 가져온다. sheet를 불러오는 방법은 sheetName을 설정해 주는 첫 번째 방법과 sheetIndex 순서를 가져오는 두 번째 방법이 있다.

```
install.packages("xlsx")
library(xlsx)

bigdata <- read.xlsx("bigdata.xlsx", sheetName = "education")

bigdata <- read.xlsx("bigdata.xlsx", sheetIndex = 2)
```

 두 번째 방법은 XLConnect 패키지를 통해서 xlsx 파일 형식을 불러오는 방법이다.

 R에서 사용할 데이터명을 지정한 후 loadworkbook 과 readworkbook 함수를 통해서 bigdata.xlsx 데이터를 가져온다.

 loadwrokbook 함수를 통해 파일을 불러와 변수명에 지정한 후, readworksheet을 통해 파일 안에 세부 sheet를 불러와 변수로 지정한다.

```
install.packages("XLConnect")
library(XLConnect)

bigdata <- loadWorkbook("bigdata.xlsx", create = TRUE)
bigdata2 <- readWorksheet(bigdata, sheet = "education")
```

마지막으로 readxl 패키지를 통해서 xlsx 파일 형식을 불러오는 방법이다. xlsx 패키지와 함께 xlsx 파일을 불러올 때 가장 많이 사용하는 패키지이다.

R에서 사용할 데이터명을 지정한 후 read.xlsx 함수를 통해서 bigdata.xlsx 데이터를 가져온다. sheet를 불러오는 방법은 sheetName을 설정해 주는 첫 번째 방법과 sheetIndex 순서를 가져오는 두 번째 방법이 있다.

```
install.packages("readxl")
library(readxl)

bigdata <- read.xlsx("bigdata.xlsx", sheetName = "education")

bigdata2 <- read.xlsx("bigdata.xlsx", sheetIndex = 2)
```

- R에서 xls 파일 불러오기

이제는 거의 사용하지 않지만, 오래된 데이터 중에는 엑셀 2007 이전에 사용하던 xls 파일도 만날 수 있다. R에서는 오래된 xls 파일도 불러와서 분석이 가능하다.

gdata 패키지를 통해서 xls 파일 형식을 불러오는 방법이다.

R에서 사용할 데이터명을 지정한 후 read.xls 함수를 통해서 bigdata.xls 데이터를 가져온다. sheet를 나눠진 파일에 sheet를 불러와야 하는 경우에는 뒷부분에 sheet= 을 추가해 주면 된다.

```
install.packages("gdata")
library(gdata)

bigdata <- read.xls("bigdata.xls")

bigdata <- read.xls("bigdata.xls", sheet = 2)
```

- R에서 spss 파일 불러오기

기존에 정형 데이터를 사용했던 사람들은 spss를 통해서 저장한 데이터들이 많을 것이다.

R에서 haven 패키지를 통해서 spss 파일 형식을 불러올 수 있다.

R에서 사용할 데이터명을 지정한 후 read_spss 함수를 통해서 bigdata.sav 데이터를 가져온다.

haven 함수외에도 foreign 패키지를 통해서도 read.spss 함수를 통해서 불러오기가 가능하다.

```
install.packages("haven")
library(haven)

bigdata <- read_spss("bigdata.sav")
```

```
Data
 bigdata          100 obs. of 2 variables
```

앞에서 방법대로 자료를 잘 불러왔다면 위의 그림처럼 작업 영역에 2가지 변수의 100개의 데이터가 입력된 것을 볼 수 있다.

% R에서 데이터를 불러올 때 생각보다 많은 오류가 발생하므로, 데이터의 숫자를 꼭 확인해야 한다.

- R에서는 위에 설명한 것 이외에 여러 가지 파일을 가져와서 작업하는 것이 가능하다.

③ 데이터 저장하기

R에서 데이터를 변경했을 때, 데이터를 파일로 저장할 수 있다.

- R에서 csv 파일 저장하기

R에서 csv 파일로 저장할 때는 write.csv() 함수를 사용하며, 데이터, 파일 이름순으로 작성하면 된다.

밑에 예제는 기존 R에 내장되어 있는 iris라고 하는 붓꽃 데이터이다. 이를 파일로 저장해 보고자 하는 예제이다.

```
setwd("C:/bigR")
data(iris)
data.frame(iris)
write.csv(iris,"iris.csv",row.names=F,na="")
```

- R에서 xlsx 파일 저장하기

R에서 xlsx 파일로 저장할 때는 xlsx를 불러올 때 사용했던 xlsx 패키지를 사용하며, write.xlsx 함수를 사용하며, 데이터, 파일 이름순으로 작성하면 된다. 단 데이터의 크기나 컴퓨터에 사양에 따라서 시간이 오래 걸릴 수 있기 때문에 CSV 형식을 사용하는 것을 추천한다.

```
setwd("C:/bigR")
data(iris)
data.frame(iris)

install.packages("xlsx")
library(xlsx)
write.xlsx(iris,"iris.xlsx",row.names=F)
```

기초통계

1 기술 통계분석(descriptive statistics)

기술 통계분석을 하는 주목적은 우리가 분석하고자 하는 자료의 형태나 구성 등의 전반적인 요약 설명을 위해서 자료를 이해하기 위해서 사용된다. 특히 등간, 비율 척도와 같은 연속형 자료에 대해서 이해하기 위해 많이 활용된다.

기술 통계분석은 크게 중심화 경향(Central tendency), 산포도(Degree of scattering), 분포(Djstribution) 3가지로 구분된다. 중심화 경향에 경우 평균, 중위수, 최빈값을 통해서 확인하며, 자료의 중심이 어디인지 확인할 수 있다.

산포도의 경우 분산, 표준편차, 범위, 사분위 범위로 확인하며, 자료가 중심을 기준으로 하여 얼마나, 어떻게 흩어져 있는지를 파악한다.

분포는 왜도와 첨도를 가지고 확인하며, 자료의 분포의 좌우 대칭 정도와 뾰족함은 어떠한가에 대해서 확인할 수 있다.

일반적으로는 평균을 통해 자료의 중심화 경향에 대해서 파악하며, 산포도는 분산과 표준편차, 분포는 왜도와 첨도를 통해서 확인한다.

기술 통계분석을 통해 나오는 수치를 기술 통계량이라고 하며, R에서 기술 통계량을 확인하는 방법은 여러 가지가 있으나, 그중에서 2가지 방법을 학습해 보고자 한다.

우선 practice.csv 데이터를 R studio로 불러오기 위해서 다음과 같이 입력한 다음 실행한다.
(practice 데이터는 어느 학교 학생들의 키에 대한 데이터이다.)

```
setwd("c:/bigR")
getwd()
practice <- read.csv("practice.csv", header = TRUE)
```

데이터를 잘 불러왔는지 항상 주의 깊게 확인해야 한다.

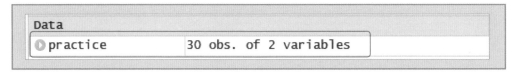

```
Data
 practice          30 obs. of 2 variables
```

(2개의 변수의 총 30개의 데이터)

첫 번째 기술 통계량을 불러오는 방법으로 psych 패키지를 통하여 describe 함수를 사용한다.

우선, psych 패키지를 설치한다.

그 후, psych 패키지를 부착한다.

마지막으로 describe(데이터이름)을 통하여 기술 통계량을 출력한다.

```
install.packages("psych")
library(psych)
describe(practice)
```

describe 함수를 통하여 기술 통계량을 출력하면, 다음과 같은 결과가 나온다.

```
> describe(practice)
       vars  n   mean   sd median trimmed   mad min max range skew kurtosis
id        1 30  15.50 8.80   15.5    15.5 11.12   1  30    29 0.00    -1.32
height    2 30 149.77 4.85  150.0   149.5  2.97 140 165    25 0.81     2.03
         se
id     1.61
height 0.88
```

```
- 용어설명 -
평균(Mean)
최빈값(Mode)
중위수(Median)
분산(Variance)
표준편차(Standard deviation)
왜도(Skewness)
첨도(Kurtosis)
```

자료의 요약 설명이 출력되어, 앞에서 얘기한 중심화 경향, 산포도, 분포를 확인하기 위한 수치들을 모두 확인할 수 있다.

기술 통계량 출력을 위한 두 번째 방법은 pastecs 패키지를 통한 stat.desc 함수를 활용한다.

우선, practice.csv 데이터를 R로 불러온다.

```
setwd("C:/bigR")
getwd()
practice <- read.csv("practice.csv", header=TRUE)
```

우선, pastecs 패키지를 설치한다.

그 후, pastecs 패키지를 부착한다.

마지막으로 stat.desc(데이터이름)을 통하여 기술 통계량을 출력한다.

```
install.packages("pastecs")
library(pastecs)
stat.desc(practice)
```

stat.desc 함수를 통하여 기술 통계량을 출력하면, 다음과 같은 결과가 나온다.

```
> stat.desc(practice)
                      id        height
nbr.val       30.0000000   3.000000e+01
nbr.null       0.0000000   0.000000e+00
nbr.na         0.0000000   0.000000e+00
min            1.0000000   1.400000e+02
max           30.0000000   1.650000e+02
range         29.0000000   2.500000e+01
sum          465.0000000   4.493000e+03
median        15.5000000   1.500000e+02
mean          15.5000000   1.497667e+02
SE.mean        1.6072751   8.849746e-01
CI.mean.0.95   3.2872467   1.809976e+00
var           77.5000000   2.349540e+01
std.dev        8.8034084   4.847206e+00
coef.var       0.5679618   3.236505e-02
```

describe는 가로로 stat.desc는 세로로 요약 값이 출력되며, stat.desc가 좀 더 많은 요약 값이 나오지만, describe가 stat.desc보다 간결하고 필요로 하는 값만을 출력해서 보여 준다.

2 # 카이스퀘어 검정 & 교차분석

카이스퀘어 검증은 카이스퀘어(x^2)값에 따라서 나온 유의 확률(p-value)를 가지고 두 집단 이 차이가 유의한지 유의하지 않은지 결정한다. 카이스퀘어(x^2) 검정은 범주형 자료인 경우에 사용하는 분석 기법이다. 카이스퀘어 검증에는 적합도 검정(goodness of fit test), 독립성 검정 (test of independence), 동질성 검정(test of homogeneity) 3가지 방법이 있다.

적합도 검정과 독립성 검정에 사용된다.

1) 적합도 검정(goodness of fit test)

적합도 검정(goodness-of-fit-test)은 관찰되는 값(실제빈도)과 기대되는 값(기대빈도)이 일치하는 지를 조사하는 것이다. 카이스퀘어(x^2) 값이 높으면 적합도가 낮으므로 변수 간의 차이가 유 의하며, 카이스퀘어(x^2) 값이 낮으면 적합도가 낮다는 것을 의미하므로 변수 간의 차이가 유 의하지 않을 확률이 높다. 적합도 검정은 한 개의 변수/요인을 대상으로 한다.

예를들면 성별에 따른 정치적인 성향, 신제품의 선호 색상 등을 검정하는 데 사용된다.

〈예제 문제〉

예제 데이터	- 요일별 휴대폰 a/s 처리 건수 service.csv
변수명	- service: 요일 (1: 월, 2: 화, 3: 수, 4: 목, 5: 금, 6: 토)
분석 목표	1. 각 요일별 빈도수와 비율을 구하시오. 2. 기술 통계량을 출력하시오. 3. 실제 요일별 a/s 처리 건수가 있는지를 검증하시오.

가설	귀무가설 H0: a/s 처리 건수가 요일별로 차이가 없다.
	대립가설 H1: a/s 처리 건수가 요일별로 차이가 있다.

"c:/bigR" 폴더에 "service.csv" 파일을 준비한다.

작업 폴더의 경로를 "c:/bigR"으로 설정한다.

예제 데이터를 가져온 후 데이터를 확인한다.

```
setwd("c:/bigR")
service <- read.csv("service.csv", header = TRUE)
service
```

빈도와 비율의 기술 통계량 분석을 한 번에 해주는 기능을 가진 패키지를 설치한다.
소스 편집기에 다음과 같이 입력한 다음 실행한다.

```
install.packages("Hmisc")
library(Hmisc)
```

데이터 테이블의 빈도분석 중심의 기술 통계량 분석을 한 번에 해주는 기능함수를 가진 prettyR 이라는 패키지를 설치한다.

소스 편집기에 다음과 같이 입력한 다음 실행한다.

```
install.packages("prettyR")
library(prettyR)
```

① service 항목의 빈도를 출력한다. 콘솔 창에 아래와 같은 결과가 나온다.

```
service:(1: 월, 2: 화, 3: 수, 4: 목, 5: 금, 6: 토)
```

소스 편집기에 다음과 같이 입력한 다음 실행한다.

```
table(service)
table(service[1])
```

```
> table(service)
service
 1  2  3  4  5  6
22 18 16 15 25 24
> table(service[1])

 1  2  3  4  5  6
22 18 16 15 25 24
```

② 앞서 도출한 service 변수의 항목별 빈도수 수치를 이용해 항목별 비율을 출력해 준다.

③ service 변수의 항목별 비율을 백분율로 나타내기 위해 100을 곱하고, round 함수를 이용해 소수 첫째 자리까지 출력하도록 한다.

```
prop.table(table(service[1]))
prop.table(table(service[1]))*100
round(prop.table(table(service[1]))*100, 1)
```

콘솔 창에 아래와 같은 결과가 나온다.

```
> prop.table(table(service[1]))

        1         2         3         4         5         6
0.1833333 0.1500000 0.1333333 0.1250000 0.2083333 0.2000000
> prop.table(table(service[1]))*100

        1         2         3         4         5         6
18.33333  15.00000  13.33333  12.50000  20.83333  20.00000
```

```
> round(prop.table(table(service[1]))*100, 1)

    1    2    3    4    5    6
 18.3 15.0 13.3 12.5 20.8 20.0
```

④ service 변수에 들어 있는 항목별 빈도수 및 항목별 백분율 값을 별도의 surveyFreq, surveyProp라는 변수에 저장한다. data.frame() 함수를 사용하여 별도의 데이터 테이블 생성하여 survey table이라는 변수에 저장한다.

소스 편집기에 다음과 같이 입력한 다음 실행한다.

```
serviceFreq <- c(table(service[1]))
serviceProp <- c(round(prop.table(table(service[1]))*100, 1))
servicetable <- data.frame(Freq=serviceFreq, Prop=serviceProp)
servicetable
```

콘솔 창에 아래와 같은 결과가 나온다.

```
> serviceFreq <- c(table(service[1]))
> serviceProp <- c(round(prop.table(table(service[1]))*100, 1))
> servicetable <- data.frame(Freq=serviceFreq, Prop=serviceProp)
> servicetable
  Freq Prop
1   22 18.3
2   18 15.0
3   16 13.3
4   15 12.5
5   25 20.8
6   24 20.0
```

⑤ service 변수에 들어 있는 항목별 빈도수 및 항목별 백분율 값을 별도의 surveyFreq, surveyProp라는 변수에 저장한다. data.frame() 함수를 사용하여 별도의 데이터 테이블 생성하여 survey table이라는 변수에 저장한다.

소스 편집기에 다음과 같이 입력한 다음 실행한다.

```
describe(service)
freq(service)

chisq.test(serviceFreq)
```

콘솔 창에 아래와 같은 결과가 나온다.

```
> describe(service)
Description of service

 Numeric
        mean median  var   sd valid.n
service 3.62      4 3.28 1.81     120
> freq(service)

Frequencies for service
         5    6    1    2    3    4   NA
        25   24   22   18   16   15    0
%     20.8   20 18.3   15 13.3 12.5    0
%!NA  20.8   20 18.3   15 13.3 12.5

> chisq.test(serviceFreq)

        Chi-squared test for given probabilities

data:  serviceFreq
X-squared = 4.5, df = 5, p-value = 0.4799
```

검증 결과, 유의 확률$_{(p-value)}$이 0.05보다 크므로 대립가설은 기각하고 귀무가설을 채택한다. 이상의 통계적 검증 결과, 요일별 a/s 처리 건수에는 차이가 없다는 것을 알 수 없다.

2) 독립성 검정 문제

교차분석은 비모수 검정 방법 중에 하나로 두 범주형 변수를 상호 관련성을 검증하는 분석이다. 카이스퀘어$_{(x^2)}$ 값으로 검증하며, 분류형 변수들 간의 관계가 독립적인지 아닌지를 카이스퀘어$_{(x^2)}$ 값과 유의 확률$_{(p-value)}$을 기준으로 판단한다. 교차분석은 여러 분석 방법 중 쉬운 분석 기법이지만, 실제로 마케팅 조사부터 선호도, 정치 성향 등 광범위한 범위에 사용된다. 단 관계를 확인하고자 하는 두 변수가 명목 혹은 서열변수이어야 한다.

〈예제 문제〉

예제 데이터	- 가족 구성원 숫자와 차의 크기를 조사한 데이터 study.xlsx
변수명	- family: 가족의 수 (1: 1~2명, 2: 3~4명, 3. 5~6명) - carsize: 차의 크기(1: small, 2: medium, 3: large)
분석 목표	1. 가족 구성원 숫자와 차의 크기를 이용하여 교차 테이블 작성 2. 가족 구성원 숫자와 차의 크기에는 서로 관련성이 있는지 확인한다.
가설	귀무가설 H$_0$: 가족 구성원에 숫자에 따라서 차의 크기에 차이가 없다. 대립가설 H$_1$: 가족 구성원에 숫자에 따라서 차의 크기에 차이가 있다.

"c:/bigR" 폴더에 "study.xlsx" 파일을 준비한다.

작업 폴더의 경로를 "c:/bigR"으로 설정한다.

앞에서와 다르게 xlsx 파일이므로, xlsx 패키지를 통해서 불러온다.

```
setwd("c:/bigR")

install.packages("xlsx")
library(xlsx)

carS <- read.xlsx("study.xlsx", sheetName = "carS")
```

① carS 데이터의 family, carsize 유형별 빈도수를 구해준다.

② family항목의 "1", "2", "3"의 각 데이터에 이름을 부여한다.

③ carsize 항목의 "1", "2", "3"의 각 데이터에 이름을 부여한다.

```
table(carS$family, carS$carsize)

carS$family2[carS$family == 1] <- "1~2"
carS$family2[carS$family == 2] <- "3~4"
carS$family2[carS$family == 3] <- "5~6"
carS$carsize2[carS$carsize == 1] <- "small"
carS$carsize2[carS$carsize == 2] <- "medium"
carS$carsize2[carS$carsize == 3] <- "large"
carS
```

```
> table(carS$family, carS$carsize)

    1  2  3
1 25 37  8
2 10 62 53
3  5 41 59

> carS$family2[carS$family == 1] <- "1~2"
> carS$family2[carS$family == 2] <- "3~4"
> carS$family2[carS$family == 3] <- "5~6"
> carS$carsize2[carS$carsize == 1] <- "small"
> carS$carsize2[carS$carsize == 2] <- "medium"
> carS$carsize2[carS$carsize == 3] <- "large"
> carS
```

```
   family carsize family2 carsize2 family3 carsize3
1       1       1     1~2    small     1~2    small
2       1       1     1~2    small     1~2    small
3       1       1     1~2    small     1~2    small
4       1       1     1~2    small     1~2    small
5       1       1     1~2    small     1~2    small
6       1       1     1~2    small     1~2    small
7       1       1     1~2    small     1~2    small
26      1       2     1~2   medium     1~2   medium
27      1       2     1~2   medium     1~2   medium
28      1       2     1~2   medium     1~2   medium
32      1       2     1~2   medium     1~2   medium
33      1       2     1~2   medium     1~2   medium
63      1       3     1~2    large     1~2    large
64      1       3     1~2    large     1~2    large
65      1       3     1~2    large     1~2    large
66      1       3     1~2    large     1~2    large
67      1       3     1~2    large     1~2    large
```

위에서 보는 바와 같이 추가적으로 2개의 열이 생기면서 각 항목의 데이터 명확한 이름을 표시해 준다.

```
install.packages("plyr")
library(plyr)

carS$family3 <- mapvalues(carS$family, from = c(1, 2, 3), to = c
("1~2", "3~4", "5~6"))
carS$carsize3 <- mapvalues(carS$carsize, from = c(1, 2, 3), to = c
("small", "medium", "large"))
carS
```

④ plyr 패키지를 사용하여 family 항목과 carsize 항목 1, 2, 3에 해당한 각 이름들을 한번에 지정한다.

```
> carS
    family carsize family2 carsize2 family3 carsize3
1       1       1     1~2    small     1~2    small
2       1       1     1~2    small     1~2    small
3       1       1     1~2    small     1~2    small
4       1       1     1~2    small     1~2    small
5       1       1     1~2    small     1~2    small
6       1       1     1~2    small     1~2    small
7       1       1     1~2    small     1~2    small

138     2       2     3~4   medium     3~4   medium
139     2       2     3~4   medium     3~4   medium
140     2       2     3~4   medium     3~4   medium
141     2       2     3~4   medium     3~4   medium
142     2       2     3~4   medium     3~4   medium
143     2       3     3~4    large     3~4    large
144     2       3     3~4    large     3~4    large
145     2       3     3~4    large     3~4    large
146     2       3     3~4    large     3~4    large
```

⑤ 변수 보기 항목을 이용한 교차 테이블 작성한다.

```
table(carS$family2, carS$carsize2)
```

```
> table(carS$family2, carS$carsize2)

     large medium small
1~2      8     37    25
3~4     53     62    10
5~6     59     41     5
```

⑥ 교차 테이블 작성한 변수를 사용하여, 카이제곱 검증을 한다.

```
chisq.test(carS$family2, carS$carsize2)
```

```
> chisq.test(carS$family2, carS$carsize2)

        Pearson's Chi-squared test

data:  carS$family2 and carS$carsize2
X-squared = 58.208, df = 4, p-value = 6.901e-12
```

카이제곱 결과, 유의 확률인 p-value가 0.05보다 작기 때문에 귀무가설을 기각하고 대립가설을 채택한다. 따라서 가족 구성원에 숫자에 따라서 자동차 크기에 차이가 있다는 것을 나타낸다.

실제 R에서의 교차분석은 다른 통계 분석에 비해서 시각적인 면에서 부족한 면이 있다. 따라서 이 부분을 보완하기 위하여 gmodels란 패키지를 사용한다.

⑦ gmodels 패키지를 통해서 spss 혹은 sas형식으로 카이제곱 검증을 한다.

```
install.packages("gmodels")
library(gmodels)

CrossTable(carS$family2, carS$carsize2, expected = TRUE, format="SPSS")

CrossTable(carS$family2, carS$carsize2, expected = TRUE, format="SAS")
```

```
> CrossTable(carS$family2, carS$carsize2, expected = TRUE,
format="SPSS")

   Cell Contents
|-------------------------|
|                   Count |
|         Expected Values |
```

```
¦ Chi-square contribution ¦
¦            Row Percent ¦
¦         Column Percent ¦
¦          Total Percent ¦
¦------------------------¦

Total Observations in Table:  300


              ¦ carS$carsize2
carS$family2 ¦    large  ¦  medium  ¦   small  ¦ Row Total ¦
-------------¦----------¦----------¦----------¦-----------¦
        1~2  ¦      8   ¦     37   ¦     25   ¦      70   ¦
             ¦  28.000  ¦  32.667  ¦   9.333  ¦           ¦
             ¦  14.286  ¦   0.575  ¦  26.298  ¦           ¦
             ¦  11.429% ¦  52.857% ¦  35.714% ¦   23.333% ¦
             ¦   6.667% ¦  26.429% ¦  62.500% ¦           ¦
             ¦   2.667% ¦  12.333% ¦   8.333% ¦           ¦
-------------¦----------¦----------¦----------¦-----------¦
        3~4  ¦     53   ¦     62   ¦     10   ¦     125   ¦
             ¦  50.000  ¦  58.333  ¦  16.667  ¦           ¦
             ¦   0.180  ¦   0.230  ¦   2.667  ¦           ¦
             ¦  42.400% ¦  49.600% ¦   8.000% ¦   41.667% ¦
             ¦  44.167% ¦  44.286% ¦  25.000% ¦           ¦
             ¦  17.667% ¦  20.667% ¦   3.333% ¦           ¦
-------------¦----------¦----------¦----------¦-----------¦
        5~6  ¦     59   ¦     41   ¦      5   ¦     105   ¦
             ¦  42.000  ¦  49.000  ¦  14.000  ¦           ¦
             ¦   6.881  ¦   1.306  ¦   5.786  ¦           ¦
             ¦  56.190% ¦  39.048% ¦   4.762% ¦   35.000% ¦
             ¦  49.167% ¦  29.286% ¦  12.500% ¦           ¦
             ¦  19.667% ¦  13.667% ¦   1.667% ¦           ¦
-------------¦----------¦----------¦----------¦-----------¦
Column Total ¦    120   ¦    140   ¦     40   ¦     300   ¦
             ¦  40.000% ¦  46.667% ¦  13.333% ¦           ¦
-------------¦----------¦----------¦----------¦-----------¦
```

```
Statistics for All Table Factors


Pearson's Chi-squared test
------------------------------------------------------------
Chi^2 =  58.2081      d.f. =  4       p =  6.900771e-12



        Minimum expected frequency: 9.333333
```

마지막으로 동일성 검정은 모집단 내의 하위 모집단들이 각 범주에 대하여 동일한지를 검정하는 방법이다. 독립성 검정과의 차이점은 독립성 검정의 경우 A와 B라는 두 개의 집단 간의 차이를 살펴본 것이지만, 동질성 검정은 각각의 한 가지 특성 요인에 대해 각각의 범주에 따라 동일한지 아닌지를 밝히는 것이다. 카이스퀘어(x^2) 값으로 검증한다는 점에서는 독립성 검정과 유사성을 가지고 있다.

〈카이스퀘어 검정 & 교차분석 연습문제〉

1. 커피 전문점 선택 대안별 차이가 있는지 검증하시오. (coffee.csv)

2. 성별에 따라 토익 점수에 차이가 있는지 검증하시오. (abroad.csv)

3. 해외연수 경험이 토익 점수에 영향을 주는지 검증하시오. (abroad.csv)

3   비율검정

1) 단일 집단분석 – 이항분포검정(binominal test)

한 집단의 비율이 어떠한 특정한 기준값과 같은지 다른지를 검증하는 것을 단일 집단분석이라고 한다. 사전에 조사된 특정한 비율값과 모집단에서 추출된 표본에서 나온 비율이 동일한지 아닌지를 비교한다. 단일 집단분석은 일반적으로 이항분포검정(binominal test)을 사용하여 검정한다. 이항분포검정이란 이항변수의 관찰 치가 기대 도수와 일치하는지를 확인하거나 특정값이 나타날 기대확률과 실제로 나타난 확률이 일치하는지를 검정할 때 이용된다. 예를 들면 생산된 제품 중 불량품의 개수, 신약을 복용한 환자 중 치유된 환자 수, 도루를 40번 시도했을 때 도루 성공 횟수 등을 검정할 수 있다.

〈예제 문제〉

예제 데이터	- 새로나온 금연 패치에 따라서 금연 성공 여부 smoke.csv
변수명	- success: (0: 금연 실패 1: 금연 성공)
분석 목표	1. 변수에 대한 빈도수와 비율을 기술 통계량을 통해 그리시오. 2. 실제 금연 비율이 일반적으로 알려진 10%보다 향상되었는지 아닌지를 검증하시오.
가설	귀무가설 H₀: 새로운 금연 패치로 인해서 금연율이 높아지지 않았을 것이다. 대립가설 H₁: 새로운 금연 패치로 인해서 금연율이 높아졌을 것이다.

"c:/bigR" 폴더에 "smoke.csv"를 준비한다.

소스 편집기에 다음과 같이 입력한 다음 실행한다.

```
setwd("c:/bigR")
smoke <- read.csv("smoke.csv", header=TRUE)
```

빈도와 비율을 기술 통계량 분석을 한 번에 해주는 기능을 가진 패키지를 다음과 같이 설치한다.

소스 편집기에 다음과 같이 입력한 다음 실행한다.

```
install.packages("Hmisc")
library(Hmisc)
```

데이터 테이블의 빈도 분석 중심의 기술 통계량 분석을 한 번에 해주는 기능함수를 가진 prettyR, psych라는 패키지를 설치한다.

소스 편집기에 다음과 같이 입력한 다음 실행한다.

```
install.packages("prettyR")
library(prettyR)
```

```
install.packages("psych")
library(psych)
```

소스 편집기에 다음과 같이 입력한 다음 실행한다.

```
table(smoke$success)
```

① smoke 파일에 들어 있는 success 항목을 출력한다.

콘솔 창에 아래와 같은 결과가 나온다.

```
> table(smoke$success)

 0  1
44 16
```

소스 편집기에 다음과 같이 입력한 다음 실행한다.

```
prop.table(table(smoke$success))
prop.table(table(smoke$success))*100
round(prop.table(table(smoke$success))*100, 1)
```

② 앞서 도출한 success 변수의 항목별 빈도수 수치를 이용해 항목별 비율을 출력한다.

③ success 변수의 항목별 비율을 백분율로 나타내기 위해 100을 곱하고, round 함수를 이용해 소수 둘째 자리까지 출력하도록 한다.

콘솔 창에 아래와 같은 결과가 나온다.

```
> prop.table(table(smoke$success))

        0         1
0.7333333 0.2666667
> prop.table(table(smoke$success))*100

        0         1
73.33333 26.66667
> round(prop.table(table(smoke$success))*100, 1)

   0    1
73.3 26.7
```

④ success 변수에 들어 있는 항목별 빈도수 및 항목별 백분율 값을 별도의 smokeFreq, smokeProp라는 변수에 저장한다. data.frame() 함수를 사용하여 별도의 데이터 테이블 생성하여 smoketable이라는 변수에 저장한다.

소스 편집기에 다음과 같이 입력한 다음 실행한다.

```
smokeFreq <- c(table(smoke$success))
smokeProp <- c(round(prop.table(table(smoke$success))*100, 1))
smoketable <- data.frame(Freq = smokeFreq, Prop = smokeProp)
smoketable
```

```
> smokeFreq <- c(table(smoke$success))
> smokeProp <- c(round(prop.table(table(smoke$success))*100, 1))
> smoketable <- data.frame(Freq = smokeFreq, Prop = smokeProp)
> smoketable
  Freq Prop
0   44 73.3
1   16 26.7
```

⑤ success 변수에 기술 통계량 분석 결과를 보여 준다.

소스 편집기에 다음과 같이 입력한 다음 실행한다.

```
describe(smoke$success)
```

```
> describe(smoke$success)
   vars  n mean   sd median trimmed  mad min max range skew kurtosis   se
X1    1 60 0.27 0.45      0    0.21    0   0   1     1 1.03    -0.96 0.06
```

⑥ success에 대한 항목별 빈도 및 백분율에 대한 빈도 분석 테이블을 출력해 준다.

소스 편집기에 다음과 같이 입력한 다음 실행한다.

```
freq(smoke$success)
```

```
> freq(smoke$success)

Frequencies for smoke$success
         0    1   NA
        44   16    0
%     73.3 26.7    0
%!NA  73.3 26.7
```

특정 변수의 선택 항목이 2개 중의 하나일 때 선택 비율이 동일한지(특정 비율과 같은지)를
검정하는 이항분포검증을 실시한다.

⑦ 일반적인 패치의 금연 비율 10%를 기준으로 검증을 실시한다.

```
binom.test(c(44,16), p=0.10)
```

```
> binom.test(c(44,16), p=0.10)

        Exact binomial test

data:  c(44, 16)
number of successes = 44, number of trials = 60, p-value < 2.2e-16
alternative hypothesis: true probability of success is not equal to 0.1
95 percent confidence interval:
0.6033897 0.8392535
sample estimates:
probability of success
0.7333333
```

p-value 값이 0.05보다 작으므로 새로운 금연 패치에 의한 금연 비율은 10%라고 할 수 없으며, 이보다 크거나 작다고 볼 수 있다.

⑧ 새로운 패치의 금연 효과 확인을 위해 15%를 기준으로 검증을 실시한다.

```
binom.test(c(40,10), p=0.15, alternative = "greater", conf.level = 0.95)
```

```
> binom.test(c(40,10), p=0.15, alternative = "greater", conf.level = 0.95)

        Exact binomial test

data:  c(40, 10)
number of successes = 40, number of trials = 50, p-value < 2.2e-16
alternative hypothesis: true probability of success is greater than 0.15
95 percent confidence interval:
0.6844039 1.0000000
sample estimates:
probability of success
                   0.
```

유의 확률(p-value)값이 0.05보다 낮으므로 귀무가설을 기각하고 대립가설을 채택한다.
따라서 새로운 금연 패치의 금연 비율은 15%보다 크다.
즉 일반적인 금연 패치의 금연 비율인 10%보다 높은 것으로 금연 패치 신제품의 금연 효과가 더 높다고 할 수 있다.

2) 두 집단 비율 차이 검정(two sample proportion test)

범주형 변수에 대해서 두 집단의 비율의 차이를 비교하려고 할 때 사용되는 분석 방법이다. 두 집단 간 차이가 있는지를 유의 수준(p-value)을 가지고 검정한다.

예를 들면 연예인 혹은 일반인 광고 모델에 따라서 관심도의 차이, 흡연자와 비흡연자의 폐암 발병률의 차이, 두 집단 간 정치 성향 차이 등을 검정할 수 있다.

〈예제문제〉

예제 데이터	- 지자체의 박물관 홍보를 위해 전단지과 인터넷광고 두 가지 광고를 제작하여 200명의 실험그룹에게 각 광고를 나눠서 보여주고 방문 의도를 조사한 데이터. museum.csv
변수명	- group: (1: 전단지 광고, 2: 인터넷 광고) - visit: (0: 방문 의도 없다. 1: 방문 의도 있다.)
분석 목표	1. 각 집단의 빈도수와 비율을 구하시오. 2. 박물관 광고를 종류별로 광고를 본 사람들의 방문 의도에 비율 차이가 있는지를 확인한다.
가설	귀무가설 H0: 광고의 종류에 따라서 관심율은 차이가 없다. 대립가설 H1: 광고의 종류에 따라서 관심율은 차이가 있다.

"c:/bigR" 폴더에 "museum.csv" 파일을 준비한다.

작업 폴더의 경로를 "c:/bigR"으로 설정한다.

예제 데이터를 가져온 후 데이터를 확인한다.

```
setwd("c:/bigR")
museum <- read.csv("visit.csv", header = TRUE)
museum[c("group", "visit")]
```

```
> museum[c("group", "visit")]
    group visit
1       1     1
2       2     1
3       1     1
4       1     1
5       1     1
6       1     1
```

7	1	1
8	1	1
9	2	1
10	2	1

① 각각의 항목에 대한 빈도수를 확인한 후 교차 빈도 분석 테이블을 생성한다.

```
table(museum$group)
table(museum$visit)
table(museum$group, museum$visit)
```

```
> table(museum$group)

  1   2
100 100
> table(museum$visit)

 0   1
94 106
> table(museum$group, museum$visit)

    0  1
1 61 39
2 33 67
```

1번과 2번 그룹 모두 100명으로 이루어져 있으며, 그룹별로 방문 의도를 확인할 수 있다.

② 앞에서 만든 교차 빈도 테이블을 출력한 후, 100을 곱해서 데이터를 정리한다.

```
prop.table(table(museum$group, museum$visit))
round(prop.table(table(museum$group, museum$visit))*100, 0)
```

```
> prop.table(table(museum$group, museum$visit))

      0     1
1 0.305 0.195
2 0.165 0.335
> round(prop.table(table(museum$group, museum$visit))*100, 0)

   0  1
1 30 20
2 16 34
```

③ 두 집단 비율 차이 검증을 실시하여 두 집단의 비율 값의 차이를 확인한다.

prop.test() 함수를 사용하며, 성공 횟수와 시행 횟수 순서로 값을 집어넣는다.

```
prop.test(c(30,16), c(100,100))
```

```
> prop.test(c(30, 16), c(100,100))

    2-sample test for equality of proportions with continuity correction

data:  c(30, 16) out of c(100, 100)
X-squared = 4.7713, df = 1, p-value = 0.02894
alternative hypothesis: two.sided
95 percent confidence interval:
 0.01497833 0.26502167
sample estimates:
prop 1 prop 2
  0.30   0.16
```

검정 결과 유의 수준이 0.05보다 작은 0.028로서, 두 집단 간의 방문 의도에 대한 비율
은 차이가 있는 것으로 나타났다.

④ 전단지 광고 집단이 인터넷 광고를 본 집단보다 방문 의도가 더 낮은지를 가정하고
prop.test를 실시한다.

```
prop.test(c(30,16), c(100,100), alter = "greater", conf.level = 0.95)
```

```
> prop.test(c(30,16), c(100,100), alter = "greater", conf.level = 0.95)

        2-sample test for equality of proportions with continuity correction

data:  c(30, 16) out of c(100, 100)
X-squared = 4.7713, df = 1, p-value = 0.01447
alternative hypothesis: greater
95 percent confidence interval:
 0.03347077 1.00000000
sample estimates:
prop 1 prop 2
  0.30   0.16
```

유의 확률(p-value)이 0.05보다 작은 0.014로서, 전단지 광고를 본 집단이 인터넷 광고를
본 집단보다 방문 의도가 통계적으로 유의하게 더 낮은 것을 알 수 있다.

〈비율검정 연습문제〉

1. A 공장에서 신기술을 통한 신공정을 실시하였다. 기존 공정에 비해서 불량률이 변화하였는지 검증하시오. (factory.csv)

2. 일반인 광고와 연예인 광고에 따른 반응이 다른지 검증하시오. (cf.csv)

4 t 검정

t-test는 평균을 가지고 하는 분석으로, 세부적으로 일표본 t-test(one sample t-test), 독립표본 t-test(Independent samples t-test), 대응표본 t-test(paired samples t-test)가 세 가지 유형이 있다.

일표본 t-test 기존에 가지고 있는 평균을 기준으로, 표본의 평균이 같은지 다른지에 대해서 검정하는 방법이다. 예를 들면 영업사원들이 2개월 동안 집체교육을 이수한 이후에 아무런 교육을 받지 않은 영업사원의 한달 평균 판매량인 85와 비교하였을 때, 집체교육을 받은 집단과 교육을 받지 않은 집단과 차이가 있는지를 검정할 때 사용한다.

두 번째로, 독립 표본 t-test의 경우 t-test 유형 중 가장 일반적으로 사용되는 것으로서, 두 가지 집단의 평균을 가지고 두 집단의 평균이 같은지 다른지를 통계적으로 검정하는 방법이다. 예를 들면 소비자가 평가한 A 업체와 B 업체의 서비스 만족도가 다른지 같은지에 대해서 평균을 가지고 검정할 때 사용한다.

세 번째로, 대응표본 t-test는 동일한 표본을 가지고 전, 후 비교와 같이 다른 시점에 평균을 비교하는 검정 방법이다. 예를 들면 불면증을 가진 환자가 수면제를 먹기 전과 후의 차이가 있는지를 검정할 때 사용한다.

일반적으로 t-test를 분석하는 과정은 두 집단이나 변수의 평균, 표준편차 등을 계산하고, 계산된 통계량을 기준으로 t 분포의 기준으로 설정한다. 그다음 평균의 차이의 정도를 계산한 t-value를 구한다. t-value와 p-value를 확인하여 귀무가설과 대립가설의 기각과 채택을 결정한다. 모집단의 수인 n이 100 이상일 때 좀 더 정확한 값을 얻을 수 있다.

- 일반적으로 t-value 값이 1.96 이상이면 p-value(유의확률)이 0.05 미만으로 나타난다.

1) 일표본 t-test(one sample t-test)

일표본 *t*-test 연속형 변수를 특정 평균을 이용하여 모집단의 평균에 대한 가설을 검정하는 방법. 즉 한 집단의 평균이 어떤 특정한 값과 같은지를 알아보기 위한 가장 간단한 방법이다.

한 집단의 특정 변수의 평균값이 사전에 조사된 특정 평균값과 동일한지/다른지를 비교분석한다.

〈예제 문제〉

예제 데이터	- 전국의 평균 toeic 점수는 650으로 조사되었다. - 어느 학교의 300명의 학생을 대상으로 조사한 토익 점수 데이터이다. - 이 학교 학생들의 토익 점수 경쟁력을 확인하기 위하여 분석을 실시 toeic.csv
변수명	- id:id 번호 - score:toeic 점수
분석 목표	1. 표본 학생들의 평균 점수와 범위를 구하시오. 2. 데이터 분포가 정규 분포를 이루고 있는지 검정. 3. 이 학교 학생들의 toeic 점수가 전국 평균보다 통계적으로 유의하게 차이 나는지 검정.
가설	귀무가설H_0:표본 학생들과 전국 학생 평균 토익 점수는 차이가 없다. 대립가설H_1:표본 학생들과 전국 학생 평균 토익 점수는 차이가 있다.

"c:/bigR" 폴더에 "toeic.csv" 파일을 준비한다.

작업 폴더의 경로를 "c:/bigR" 으로 설정한다.

```
setwd("c:/bigR")
toeic <- read.csv("toeic.csv", header = TRUE)
```

빈도와 비율의 기술 통계량 분석을 해주는 Hmisc 패키지를 설치한다.

Hmisc 패키지를 R프로그램에 부착한다.

```
install.packages("Hmisc")
library(Hmisc)
```

데이터 테이블의 빈도 분석 중심의 기술 통계량을 분석해 주는 prettyR 패키지와 psych 패키지를 설치한다. prettyR 패키지와 psych 패키지를 R프로그램에 부착한다.

```
install.packages("prettyR")
library(prettyR)

install.packages("psych")
library(psych)
```

첫 번째 분석 과제인 표본 학생의 toeic 점수의 평균과 범위를 구해 보자.

① toeic 데이터에 있는 score 항목을 출력한다.

```
toeic$score

print(toeic$score)  # 위의 함수와 동일
```

```
> toeic$score
  [1] 765 850 810 800 640 865 700 895 820 930 845 775 845 875 740 665 600 725 775 800
 [21] 510 485 700 600 725 580 690 695 850 750 610 890 575 715 665 610 705 660 740 660
 [41] 715 785 620 525 540 425 550 610 650 780 775 730 675 845 920 835 785 660 870 855
 [61] 570 675 540 635 425 670 670 515 685 570 375 465 475 630 535 590 470 585 475 480
 [81] 455 535 475 450 640 455 655 580 660 605 575 655 660 650 680 665 465 410 595 660
[101] 530 295 525 595 545 480 510 700 760 650 660 445 520 605 505 490 520 535 640 635
[121] 585 545 440 405 615 485 515 670 635 555 250 680 465 665 715 495 635 770 625 645
[141] 740 440 660 575 655 665 545 715 585 645 460 570 450 435 580 405 510 550 570 425
[161] 375 595 405 650 485 445 660 345 510 505 390 635 465 470 435 680 720 670 545 560
[181] 550 455 460 575 435 465 340 465 660 580 415 795 465 590 640 820 630 515 785 720
[201] 605 500 515 715 455 665 600 615 550 645 545 525 605 550 490 660 680 675 480 692
```

```
[221]  460 920 540 760 680 810 880 520 660 470 900 840 630 610 940 650 680 690 670 655
[241]  660 675 680 695 645 650 660 685 675 690 560 650 720 465 660 635 810 720 580 640
[261]  760 640 560 480 385 720 650 540 460 700 560 680 720 600 810 480 620 540 700 640
[281]  720 680 565 810 680 720 480 580 610 660 660 610 580 480 720 680 810 560 680 730
```

② mean 함수와 range 함수를 사용하여 평균과 범위를 확인한다.

```
mean(toeic$score)
range(toeic$score)
```

표본 집단의 학생들의 toeic 점수 평균은 593점, 범위는 250에서 940점까지 분포되어 있는 것을 알 수 있다.

```
> mean(toeic$score)
[1] 618.7233
> range(toeic$score)
[1] 250 940
```

③ 데이터에 대한 현황 파악을 위해 describe 함수를 사용하여 기술 통계량을 확인한다.
데이터의 평균, 분산, 표준편차, 최솟값, 최댓값, 중앙값 등을 한 번에 확인이 가능하다.

```
describe(toeic$score)
```

```
> describe(toeic$score)
   vars   n   mean     sd median trimmed    mad min max range skew kurtosis  se
X1    1 300 618.72 126.52    635  615.61 126.02 250 940   690 0.09    -0.22 7.3
```

④ 표본 집단의 데이터 분포가 정규 분포를 이루고 있는지 검정하기 위해서 Shapiro-Wilk test를 실시한다. 유의 확률(p-value)이 0.05보다 크면 대립가설을 기각하여 데이터가 정

규 분포를 따른다고 할 수 있으며, 0.05보다 작으면 귀무가설을 기각하고 대립가설을 채택하여 데이터가 정규 분포를 따르지 않는다고 할 수 있다.

(* Shapiro-Wilk test

    귀무가설: 데이터가 정규 분포를 따른다.

    대립가설: 데이터가 정규 분포를 따르지 않는다.)

(* 표본 집단의 크기가 30 (n>30) 이상이면, 중심극한정리로 인해서 정규분포를 따른다고 가정한다.)

```
shapiro.test(toeic$score)
```

```
> shapiro.test(toeic$score)

        Shapiro-Wilk normality test

data:  toeic$score
W = 0.99073, p-value = 0.05495
```

Shapiro-Wilk test 결과 유의 확률(p-value)이 0.05보다 크므로 데이터가 정규 분포를 이루고 있다고 볼 수 있다. 따라서 t-test를 이용해 모집단의 평균값을 검정할 수 있다.

```
t.test(toeic$score, mu = 650.0)
t.test(toeic$score, mu = 650.0, alter = "two.sided", conf.level = 0.95)
```

```
> t.test(toeic$score, mu = 650.0)

        One Sample t-test

data:  toeic$score
t = -4.2817, df = 299, p-value = 2.501e-05
alternative hypothesis: true mean is not equal to 650
```

```
  95 percent confidence interval:
   604.3483 633.0984
  sample estimates:
  mean of x
   618.7233

> t.test(tocic$score, mu - 650.0, alter = "two.sided", conf.level = 0.95)

One Sample t-test

data:  toeic$score
t = -4.2817, df = 299, p-value = 2.501e-05
alternative hypothesis: true mean is not equal to 650
95 percent confidence interval:
 604.3483 633.0984
sample estimates:
mean of x
 618.7233
```

t-test 결과 유의 확률(p-value)이 0.05보다 작으므로, 귀무가설을 기각하고 대립가설을
채택한다.

(양측검정(alter = "two.sided"), 신뢰 수준에서 신뢰 구간 95%(conf.level = 0.95)에서도 같은 결과가 나오는
것을 알 수 있다.)

즉 표본 집단의 학교의 학생들이 토익 점수가 전국의 평균 점수인 650점보다 통계적으
로 유의하게 작다는 것을 알 수 있다.

• 여기서 주의해야 할 점은 *t*-test를 결과는 처음에 세운 대립가설처럼 표본 집단의 평균
이 기준 평균과 통계적으로 유의한 차이가 난다는 것만을 나타내는 것으로, 앞에서의
기술 통계량의 평균값 등을 통해서 높은지 낮은지를 확인할 수 있다.

2) 독립표본 t-test(Independent samples t-test)

독립표본 *t* 검정은 서로 다른 집단 간의 평균에 차이가 있는지를 검정하기 위한 방법이다. 일반적으로 *t*-test 중에 가장 많이 사용하는 방법이다.

〈예제 문제〉

예제 데이터	- A회사에서 브랜드 이미지 제고를 위해 60명의 소비자를 대상으로 이벤트 프로모션을 진행하였다. - 이벤트 프로모션을 참가한 소비자와 참가하지 않은 소비자를 대상으로 브랜드 이미지 평가를 실시(100점 만점) promotion.csv
변수명	- id: id 번호 - event: 이벤트 참가 여부 (1: 참가, 2: 참가하지 않음) - 브랜드 이미지 평가(100점 만점) (* 이벤트 참가 도중 중도 하차한 소비자와 이벤트를 참가하지 않은 집단에서 설문에 제대로 참여하지 않은 사람은 제외 -> 999로 표시)
분석 목표	1. 이벤트 참가 여부에 따른 빈도수와 브랜드 이미지 평가 평균값을 구하시오 2. 이벤트 참가 여부에 따른 집단 간 분리 3. 이벤트 프로모션 참가 여부에 따라서 A회사 브랜드 이미지 평가에 차이가 있는지 검증
가설	귀무가설 H0: 두 집단 간 브랜드 이미지 평가의 차이는 없다. 대립가설 H1: 두 집단 간 브랜드 이미지 평가의 차이가 있다.

"c:/bigR" 폴더에 "promotion.csv" 파일을 준비한다.

작업 폴더 설정을 확인한 후, 작업 폴더의 경로를 "c:/bigR"으로 설정한다.

```
getwd()
setwd("c:/bigR")
promotion <- read.csv("promotion.csv", header = TRUE)
```

빈도와 비율의 기술 통계량 분석을 해주는 Hmisc 패키지를 설치한다.

Hmisc 패키지를 R프로그램에 부착한다.

```
install.packages("Hmisc")
library(Hmisc)
```

데이터 테이블의 빈도 분석 중심의 기술 통계량을 분석해 주는 prettyR 패키지와 psych 패키지를 설치한다. prettyR 패키지와 psych 패키지를 R프로그램에 부착한다.

```
install.packages("prettyR")
library(prettyR)

install.packages("psych" )
library(psych)
```

① promotion 데이터에 있는 event와 brand의 데이터를 확인한다.

```
promotion$event

promotion$brand
```

```
> promotion$event
  [1] 1 1 1 1 1 1 1 1 1 1 1 1 1 1 1 1 1 1 1 1 1 1 1 1 1 2 2 2 2 2 2 2 2 2 2
 [36] 2 2 2 2 2 2 2 2 2 2 2 2 2 2 2 2 2 2 2 2 2 2 2 2 2 2 2 2 2 2 2 2 2 1 2 1 1 2 1 1
 [71] 1 2 2 1 1 1 1 2 2 1 1 1 2 2 1 1 1 2 2 1 2 1 2 1 2 1 2 2 2 1 2 1 2 1 1 1
[106] 2 1 1 2 1 1 1 1 1 1 1 1 2 1 1
> promotion$brand
  [1]  56  52  46  48  55  76  63  42  69  72  55  54  62  66  52  42  53
 [18]  51  63  52  48  55  39  55  86  78 999  88  84  92  79  84  65  77
 [35]  83  82 999  94  92  84  68  99  72  84 999  66  84  97  79  84  68
 [52]  92  72  91  88  84  84  66  73  87  86  64  89  50  63  47  69  99
 [69]  23  82  43  76  82 999  55  42  61  86 999  47  43  93 999  57  47
 [86] 999  66  76 999  84  57  79  25 999  71  84  72  97 999  81  46  98
```

```
[103]  64  54  66  78  48  46 999  52  72 999  38  61  42  57  61  91 999
[120]  64
```

② 이벤트 참가자와 참가하지 않은 그룹을 1, 2로 구분한다. 결측치를 제거하기 위해서 999
를 입력한다.

```
groupA <- subset(promotion, event == 1 & brand < 999)

groupB <- subset(promotion, event == 2 & brand < 999)
```

Data	
▶ groupA	54 obs. of 3 variables
▶ groupB	53 obs. of 3 variables

이벤트를 참가한 집단과 참가하지 않은 집단의 빈도수와 실적에 대한 평균값을 구한다.
(round 함수를 통해서 소수점 두 자리까지 올림 한다.)

이벤트를 참가하지 않은 집단은 54명의 브랜드 평가 평균이 54이며, 이벤트를 참가한 집
단은 53명에 브랜드 평가 평균이 82.08이다. (인원은 결측치를 제외한 인원)

```
groupAcount <- length(groupA$event)
groupAmean <- round(mean(groupA$brand), 2)
groupAcount ; groupAmean

groupBcount <- length(groupB$event)
groupBmean <- round(mean(groupB$brand), 2)
groupBcount;groupBmean
```

```
> groupA <- subset(promotion, event == 1 & brand < 999)
> groupB <- subset(promotion, event == 2 & brand < 999)
> View(groupA)
> groupAcount <- length(groupA$event)
```

```
> groupAmean <- round(mean(groupA$brand), 2)
> groupAcount ; groupAmean
[1] 54
[1] 54
> groupBcount <- length(groupB$event)
> groupBmean <- round(mean(groupB$brand), 2)
> groupBcount;groupBmean
[1] 53
[1] 82.08
```

③ 이벤트를 참여한 집단과 참여하지 않은 집단의 빈도와 평균을 정리하여 교차분석표로 출력한다.

```
groupcount <- c(groupAcount, groupBcount)
groupmean <- c(groupAmean , groupBmean)
groupcount ; groupmean

grouptable <- data.frame(Freq= groupcount, Mean= groupmean)
grouptable
```

```
> groupcount <- c(groupAcount, groupBcount)
> groupmean <- c(groupAmean , groupBmean)
> groupcount ; groupmean
[1] 54 53
[1] 54.00 82.08
> grouptable <- data.frame(Freq= groupcount, Mean= groupmean)
> grouptable
  Freq  Mean
1   54 54.00
2   53 82.08
```

④ 검정통계량을 계산하기 전에 두 모집단의 분산의 동질성 여부를 판단해야 하며, 두 집단의 분산이 서로 동질적이면 t-test를 적용하고, 서로 동질적이지 못하면 wilcox.test

분석을 수행한다. R에서는 var.test를 통해서 분산의 동질성을 검정한다. var.test의 경우 유의 확률(p-value)이 0.05보다 크면 두 집단의 분산이 동질적이며, 유의 확률(p-value)이 0.05보다 작으면 두 집단의 분산이 동질적이지 않다.

```
var.test(groupA$brand, groupB$brand)
```

이 예제에서는 var.test 결과 유의 확률(p-value)이 0.05보다 크기 때문에 두 집단의 서로 동질적이라고 할 수 있으며, *t*-test를 통해서 모집단의 평균값을 검정한다.

```
> var.test(groupA$brand, groupB$brand)

        F test to compare two variances

data:  groupA$brand and groupB$brand
F = 1.4249, num df = 53, denom df = 52, p-value = 0.2034
alternative hypothesis: true ratio of variances is not equal to 1
95 percent confidence interval:
 0.8240196 2.4604142
sample estimates:
ratio of variances
         1.424904
```

⑤ *t*-test를 통해서 이벤트 참가 집단과 참가하지 않은 집단 간의 브랜드 이미지 평가 점수를 비교한다.

```
t.test(groupA$brand, groupB$brand, alter = "two.sided", confint = TRUE,
conf.level = 0.95)
```

```
> t.test(groupA$brand, groupB$brand, alter = "two.sided", confint =
TRUE, conf.level = 0.95)

        Welch Two Sample t-test
```

```
data:  groupA$brand and groupB$brand
t = -13.571, df = 102.49, p-value < 2.2e-16
alternative hypothesis: true difference in means is not equal to 0
95 percent confidence interval:
 -32.17864 -23.97231
sample estimates:
mean of x mean of y
 54.00000  82.07547
```

t-test 결과 유의 확률(p-value)이 2.2e-16로서, 이벤트 프로모션을 참가한 집단이 참가하지 않은 집단보다 브랜드 평가가 통계적으로 유의하게 높은 것을 알 수가 있다.

즉 이벤트 프로모션을 통해서 A회사의 이벤트 프로모션을 통해서 브랜드 이미지가 높아진 것을 확인할 수 있다.

3) 대응표본 t-test(paired samples t-test)

두 연속형 변수 간의 평균이 동일한가를 검증한다. 일반적으로 독립표본 *t*-test를 가장 많이 사용한다. 하지만 사전-사후 효과, 만족도 - 중요도 등을 구할 때 사용되는 대응표본 *t*-test도 자주 사용한다.

〈예제 문제〉

예제 데이터	- 관객 100명이 예고편을 보고 매긴 평점과 실제 영화를 본 후에 매긴 평점 데이터 movie.xlsx
변수명	- before : 예고편을 보고 난 후 평점 (5점 만점) - after : 영화를 보고 난 후 평점 (5점 만점) (예고편부터 본편까지 제대로 시청하지 않았거나, 설문에 제대로 참여하지 않은 사람은 제외 -> 99로 표시)

분석 목표	1. 영화를 보기 전과 후에 평점의 평균값을 구하시오 2. 영화를 보기 전과 후에 평점에 차이가 있는지 검증
가설	귀무가설 H_0: 영화 감상 전과 후에 평점에는 차이가 없다. 대립가설 H_1: 영화 감상 전과 후에 평점에는 차이가 있다.

"c:/bigR" 폴더에 "movie.xlsx" 파일을 준비한다.

작업 폴더 설정을 확인한 후, 작업 폴더의 경로를 "c:/bigR" 으로 설정한다.

```
getwd()
setwd("c:/bigR")
```

예제 파일의 형식이 xlsx이므로, 엑셀파일을 불러오기 위한 "xlsx" 패키지를 설치한다.

(파일을 불러오는 다른 방법은 이 책에 앞장에 데이터 불러오기 참조)

xlsx 패키지를 부착한다.

예제 파일을 R로 불러온다.

```
install.packages("xlsx")
library(xlsx)
rating <- read.xlsx("movie.xlsx", sheetName = "movie")
```

① 영화 감상 전과 후에 데이터를 확인한다.

② 데이터의 기술 통계량을 확인한다.

```
rating$before
rating$after

describe(rating$before)
describe(rating$after)
```

```
> rating$before
  [1]  2.5  2.6  2.6  2.9  3.0  3.2  3.4  3.7 99.0  4.6  7.2  1.7  1.8  2.3
 [15]  2.4  2.5  2.6  2.6  2.7  2.7  2.7  3.0  4.2 99.0  1.9  1.6  1.8  2.2
 [29]  2.3  2.6  2.6  2.6  2.8  2.8  4.6  3.7  3.0  3.1  2.4  2.9  4.2  3.6
 [43]  1.8  2.7 99.0  2.4  2.1  2.8  3.6  2.4  1.7  2.4  2.9  1.4  1.6  2.9
 [57]  3.2  3.6  2.7  3.1  2.2  1.4  1.6  1.0  2.8  2.7  3.2  2.4  2.2  2.7
 [71]  2.9  1.9  1.7  3.1  1.4  2.3  2.0  2.1  2.4  2.8  1.9  1.6  2.6  2.7
 [85]  1.4 99.0  1.7  2.3  2.7  2.8  1.2  2.2  2.4  2.6  2.3  1.6  2.6  2.2
 [99]  2.1  3.2
> rating$after
  [1]  4.7  4.7  4.9  4.9  5.0  5.0  5.1  4.7  4.2  5.0  4.7  4.6  4.7  4.9
 [15]  5.5  4.7  4.3  3.7  4.6  4.6  4.1  4.2  4.5  4.7 99.0  4.5  4.6  4.7
 [29]  2.3  4.4  4.9  5.0  2.9  4.2  4.7  4.3  5.0  3.8  4.1  2.7  3.6  4.2
 [43]  2.8  4.3  3.7  3.8  3.6  3.1  4.2  4.7  3.9  2.7  4.5  3.6  3.1  3.7
 [57]  4.1  3.4  3.5  3.9  3.8  3.6  4.8  2.6  3.6  4.2  5.0  4.9  4.3  4.7
 [71]  3.8  2.4 99.0  3.4  3.8  2.6  4.4  4.1  3.2  2.5  3.7  2.6  5.0  2.4
 [85]  4.8  4.6  4.4  3.7  3.2  4.1  3.8  3.6  4.2 99.0  3.9  2.7  3.8  4.3
 [99]  4.1  3.7
```

```
> describe(rating$before)
   vars   n mean    sd median trimmed  mad min max range skew kurtosis   se
X1    1 100 6.44 19.01    2.6    2.56 0.59   1  99    98 4.61     19.5  1.9
> describe(rating$after)
   vars   n mean   sd median trimmed  mad min max range skew kurtosis   se
X1    1 100  6.9 16.3    4.2    4.15 0.74 2.3  99  96.7 5.41    27.61 1.63
```

③ 영화를 보기 전과 후를 설문에 모두 참여하지 않은 사람들을 결측치 99로 입력해 놓았다. 따라서 결측치를 제거하고 중도 포기하지 않은 사람의 데이터만 별도로 추출한다.

```
rating2 <- subset(rating, after < 99)
rating3 <- subset(rating, after!= 99)
rating4 <- subset(rating, after < 99, c(before, after))
rating5 <- subset(rating, after!= 99, c(before, after))
rating5
```

④ 분석 대상인 before, after 변수만 지정해서 별도로 추출한다.

```
movieBE <- c(rating5$before)

movieAF <- c(rating5$after)
```

```
groupBE <- c(rating5$before)

groupAF <- c(rating5$after)
```

Values	
movieAF	num [1:97] 4.7 4.7 4.9 4.9 5 5 5.1 4.7 4.2 5 ...
movieBE	num [1:97] 2.5 2.6 2.6 2.9 3 3.2 3.4 3.7 99 4.6 . ...

⑤ 표본에 정규 분포에 해당하는지를 확인하기 위해 var.test를 실시한다.

이 예제에서는 var.test 결과 유의 확률(p-value)이 0.05보다 작기 때문에 두 집단의 서로 동질적이라고 할 수 없으며, wilcox.test를 통해서 모집단의 평균값을 검정한다.

```
var.test(rating5$before, rating5$after, paired = TRUE)
```

```
> var.test(rating5$before, rating5$after, paired = TRUE)

        F test to compare two variances

data:  rating5$before and rating5$after
F = 657.57, num df = 96, denom df = 96, p-value < 2.2e-16
alternative hypothesis: true ratio of variances is not equal to 1
95 percent confidence interval:
 439.6986 983.3966
sample estimates:
ratio of variances
          657.5699
```

⑥ wilcox.test의 결과 유의 확률(p-value)이 2.351e-11 로서, 0.05보다 낮으므로 대립가설이 채택되고 귀무가설이 기각되는 것을 알 수 있다. 즉 영화 예고편만 봤었을 때 평점과 영화를 보고난 후에 평점에는 통계적으로 유의한 차이가 있었다. 따라서 기술 통계량과 wilcox.test의 결과를 기반으로 하여 영화는 예고편을 봤을 때보다 본편을 보고 난 후가 평점이 더 높다고 할 수 있다. 다시 말하면, 이 영화가 사람들의 기대했던 것보다 기대치를 더 충족시켰다는 것을 알 수 있다.

```
wilcox.test(movieBE, movieAF, paired = TRUE, alter = "two.sided",
conf.int = TRUE, conf.level = 0.95)
```

```
> wilcox.test(movieBE, movieAF, paired = TRUE, alter = "two.sided", conf.int
= TRUE, conf.level = 0.95)

        Wilcoxon signed rank test with continuity correction

data:  movieBE and movieAF
V = 499, p-value = 2.351e-11
alternative hypothesis: true location shift is not equal to 0
95 percent confidence interval:
 -1.649978 -1.199948
sample estimates:
(pseudo)median
      -1.400003
```

〈t-test 연습문제〉

1. 전국 상경계열을 전공하는 대학생의 평균 학점이 3.2점이라고 한다. 상경계열의 학생들의 학점이 전국 평균과 어떻게 차이가 나는지 검증하시오. (business.csv)

2. 성별에 따라 학점에 차이가 있는지 검증하시오. (business.csv)

3. 다이어트 약을 복용 전과 복용 후 몸무게의 차이가 있는지 검증하시오. (diet.csv)

5 상관관계 분석

연속형 자료의 변수와 변수 사이의 상관 관계를 검증하는 분석이다. 한 변수의 수치가 증가할 때 다른 변수의 수치가 감소하는 증가하는 경향을 보이면 변수 간의 양의 상관관계(positive correlation)라고 하며, 한 변수의 수치가 증가할 때 다른 변수가 감소하는 경향을 보이면 변수간의 음의 상관관계(negative correlation)가 있다고 한다. 예를 들어 공부 시간이 증가함에 따라서 성적이 올라간다면 공부 시간과 성적은 양의 상관관계를 가지며, 공부 시간이 증가함에 따라서 운동 시간이 감소한다면 공부 시간과 운동 시간은 음의 상관관계를 가진다고 할 수 있다.

상관관계 분석에서 가장 중요한 점은 두 변수 간의 상관관계는 선형적인 증/감소와 같은 상호관계만 나타내며 영향을 주는 관계인 것을 나타내지 않는다. 즉 인과관계까지는 상관관계 분석을 통해서 알 수 없다. 따라서, 상관관계 분석은 다른 분석과 달리 그 자체보다는 회귀분석 등의 영향 관계를 분석하기 전에 변수 간의 상황을 파악하기 위한 목적으로 주로 사용된다.

상관관계 분석에서는 두 변수 간의 관계의 정도를 상관관계 계수(r)로 나타낸다. "r"은 두 변수간의 표준화된 공분산(공통된 부분)을 나타낸다. 양의 관계는 "+", 음의 관계는 "-"로 나타내며 r의 범위인 $-1 \rightarrow 0 \rightarrow 1$ 사이에서 절댓값 1에 가까울수록 강한 상관관계를 나타내고 0에 가까울수록 약한 관계를 나타낸다.

일반적으로 r 범위에 따라서 다음과 같이 해석된다.

```
-1.0 ≤ r ≤ -0.7 -   강한 음의 선형 관계
-0.7 ≤ r ≤ -0.3 - 뚜렷한 음의 선형 관계
-0.3 ≤ r ≤ -0.1 -   약한 음의 선형 관계
```

```
-0.1 ≤ r ≤ +0.1 -   거의 관계가 없는 선형 관계
+0.1 ≤ r ≤ +0.3 -    약한 양의 선형 관계
+0.3 ≤ r ≤ +0.7 - 뚜렷한 양의 선형 관계
+0.7 ≤ r ≤ +1.0 -    강한 양의 선형 관계
```

상관관계 분석에서는 피어슨 상관계수(Pearson correlration coefficient), 스피어만 상관계수(Spearman correlation coefficient), 켄달의 타우(Kendall's tau) 등이 있으며, 스피어만 상관계수는 피어슨 상관계수와 달리 비선형 연관성을 파악할 수 있다는 장점이 있으며, 순위만 매길 수 있다면 적용이 가능하므로 연속형 데이터에 적합한 피어슨 상관계수와 다르게 이산형 데이터, 순서형 데이터에도 적용이 가능하다.

이 중에서 Pearson's correlation coeefficient가 일반적인 상관관계 분석에서 이용된다.

실습 데이터를 통해서 3가지 분석을 돌려보도록 하자.

〈예제 문제〉

예제 데이터	- 50개 중소기업의 매출 데이터 sales.csv
변수명	- ad : 광고비 - promotion : 판촉비 - rd : 연구개발비 - profit : 순이익 - sales : 매출
분석 목표	1. 피어슨 상관계수(Pearson correlration coefficient), 스피어만 상관계수(Spearman correlation coefficient), 켄달의 타우(Kendall's tau)를 모두 검정해 보자. 2. 예제 데이터를 실제 상관관계 분석과 함께 그래프를 통하여 시각화해보자.
가설	귀무가설 H0 : 변수 간에는 특정한 선형관계가 없다(r=0). 대립가설 H1 : 변수 간에는 선형적 관계가 있다.(r>0, r<0)

"c:/bigR" 폴더에 "sales.csv" 파일을 준비한다.

작업 폴더 설정을 확인한 후, 작업 폴더의 경로를 "c:/bigR"으로 설정한다.

```
getwd()
setwd("c:/bigR")
```

① sales 데이터를 import 한다.

② sales 데이터의 구조를 확인한다.

```
sales <- read.csv("sales.csv", header = TRUE)

str(sales)
```

```
> sales <- read.csv("sales.csv", header = TRUE)
> str(sales)
'data.frame': 50 obs. of  5 variables:
 $ promotion: num  8 10 10.5 16 15 6.5 5 25 10.4 7.4 ...
 $ ad       : num  34.9 55.5 43.1 54.9 44.1 ...
 $ rd       : num  6 8 8.5 14 13 4.5 2.5 20 8.4 7.4 ...
 $ sales    : num  99 164 159 185 129 68.5 66.5 290 84 70 ...
 $ profit   : num  26 12 12 14 11 13 20 7 12 15 ...
```

③ 상관계수 3가지 방법을 sales 데이터의 sales와 promotion 변수를 가지고 검정해 보자.

```
cor.pearson <- cor.test(~ promotion + sales, method = "pearson", data
= sales)

cor.pearson
```

```
> cor.pearson <- cor.test(~ promotion + sales, method = "pearson", data
= sales)
> cor.pearson
```

```
        Pearson's product-moment correlation

data:  promotion and sales
t = 10.821, df = 48, p-value = 1.794e-14
alternative hypothesis: true correlation is not equal to 0
95 percent confidence interval:
 0.7364821 0.9077393
sample estimates:
      cor
0.8421837
```

피어슨 상관계수 분석을 한 결과 p-value가 1.794e-14 로 0.05보다 작기 때문에 귀무가설을 기각하고 대립가설을 채택하는 것을 볼 수 있다. 또한, 상관계수가 0.84로서 두 변수 간에는 강한 상관관계가 있다는 것을 알 수 있다.

```
cor.speraman <- cor.test(~ promotion + sales, method = "spearman",
data = sales)

cor.speraman
```

```
> cor.speraman <- cor.test(~ promotion + sales, method = "spearman",
data = sales)
Warning message:
In cor.test.default(x = c(8, 10, 10.5, 16, 15, 6.5, 5, 25, 10.4,  :
 tie 때문에 정확한 p값을 계산할 수 없습니다
> cor.speraman

        Spearman's rank correlation rho

data:  promotion and sales
S = 4532.6, p-value = 1.951e-11
alternative hypothesis: true rho is not equal to 0
sample estimates:
      rho
0.7823496
```

순위를 가지고 분석하는 스피어만 상관계수이기 때문에 Warning message가 뜨긴 하지만 결괏값에는 크게 상관이 없다. 결과에서 보는 것처럼 피어슨 상관계수와 마찬가지로 유의 확률이 0.05보다 작기 때문에 대립가설을 채택하며, 두 변수 간의 양의 상관관계가 있다는 것을 나타낸다.

```
cor.kendall <- cor.test(~ promotion + sales, method = "kendall", data
= sales)

cor.kendall
```

```
> cor.kendall <- cor.test(~ promotion + sales, method = "kendall", data
= sales)
> cor.kendall

        Kendall's rank correlation tau

data:  promotion and sales
z = 6.2989, p-value = 2.997e-10
alternative hypothesis: true tau is not equal to 0
sample estimates:
      tau
0.6222616
```

결과에서 보는 것처럼 켄달의 타우 역시 p-value 값이 0.05보다 작기 때문에 대립가설을 채택하며, 두 변수 간의 양의 상관관계가 있다는 것을 나타낸다. 다만 계산 방법의 차이로 인해서 상관계수는 0.62로 조금 줄어든 것을 확인할 수 있다.

④ 예제 데이터를 실제 상관관계 분석과 함께 그래프를 통하여 시각화해 보자.
먼저 sales 데이터를 상관분석을 하자.

```
cor(sales)
```

```
> cor(sales)
            promotion         ad         rd      sales     profit
promotion  1.0000000  0.7457077  0.9743750  0.8421837 -0.3682785
ad         0.7457077  1.0000000  0.6978411  0.9218562 -0.2493928
rd         0.9743750  0.6978411  1.0000000  0.8122462 -0.3026171
sales      0.8421837  0.9218562  0.8122462  1.0000000 -0.2679417
profit    -0.3682785 -0.2493928 -0.3026171 -0.2679417  1.0000000
```

위의 결과처럼 각각의 변수 간의 상관계수가 출력되는 것을 볼 수 있다.

위의 데이터를 가지고 상관분석 결과를 가지고 시각화해 보자.

```
plot(sales)
pairs(sales, panel=panel.smooth)
```

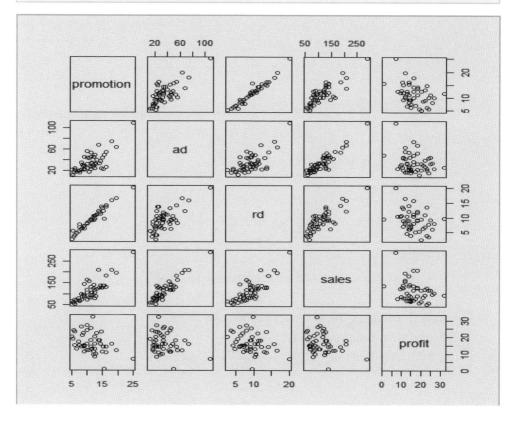

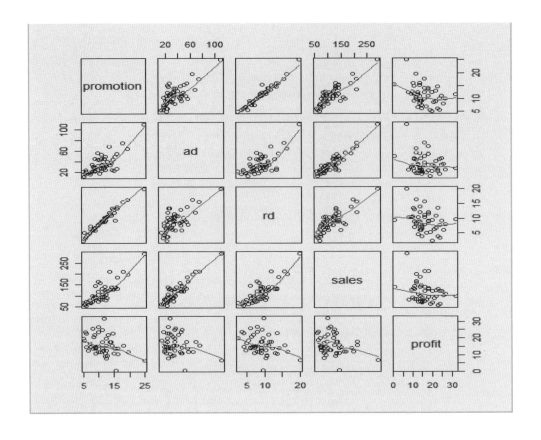

상관분석 결과를 가지고 plot()이란 함수를 사용하여 산점도를 그린 후, 추세선을
smooth라는 코드를 통해서 부드럽게 그려 준다.

조금 더 쉽게 한눈에 데이터까지 보기 위해서 Performance Analytics 패키지를 사용
한다.
chart.Correlation() 함수를 사용하면 수치까지 한눈에 볼 수 있다.

```
install.packages("PerformanceAnalytics")
library(PerformanceAnalytics)
chart.Correlation(sales, histogram=TRUE, pch=20)
```

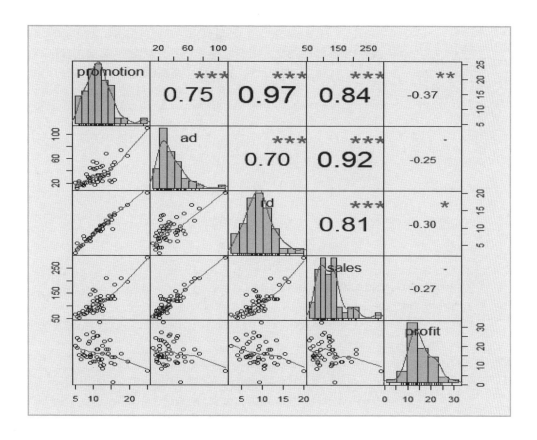

corrplot 패키지를 통해서 좀 더 가시성을 높여서 시각화해 보자. sales 데이터를 상관
분석한 것을 sales.cor이라는 객체에 저장한다.

```
install.packages("corrplot")
library(corrplot)

sales.cor <- cor(sales)
sales.cor
```

```
> sales.cor
           promotion         ad         rd      sales      profit
promotion  1.0000000  0.7457077  0.9743750  0.8421837  -0.3682785
```

```
ad         0.7457077   1.0000000   0.6978411   0.9218562  -0.2493928
rd         0.9743750   0.6978411   1.0000000   0.8122462  -0.3026171
sales      0.8421837   0.9218562   0.8122462   1.0000000  -0.2679417
profit    -0.3682785  -0.2493928  -0.3026171  -0.2679417   1.0000000
```

corrplot 패키지를 통해서 그래프를 그려 보자.

corrplot에는 "circle", "square", "ellipse", "number", "shade", "color", "pie" 등의 방법이 있다.

```
corrplot(sales.cor, method="ellipse")
corrplot(sales.cor, method="pie")
corrplot(sales.cor, method="number")
corrplot(sales.cor, method="color")
corrplot(sales.cor, method="shade")
corrplot(sales.cor, method="shade", addshade = "all", shade.col = FALSE,
        tl.col = "red", tl.srt = 30, diag = FALSE, addCoef.col = "white", order = "FPC")




% 함수설명
method=        그림 내 사각형 모양       addshade=      상관관계 방향선 제시
shade.col=     상관관계 방향선          tl.col=        라벨 색 지정
tl.srt=        위쪽 라벨 회전 각도      diag=          대각선 값
addCoef.col=   상관계수 숫자 색
order=                "FPC": First Principle Component
                      "hclust": hierarchical clustering
                      "AOE": Angular Order of Eigenvectors
```

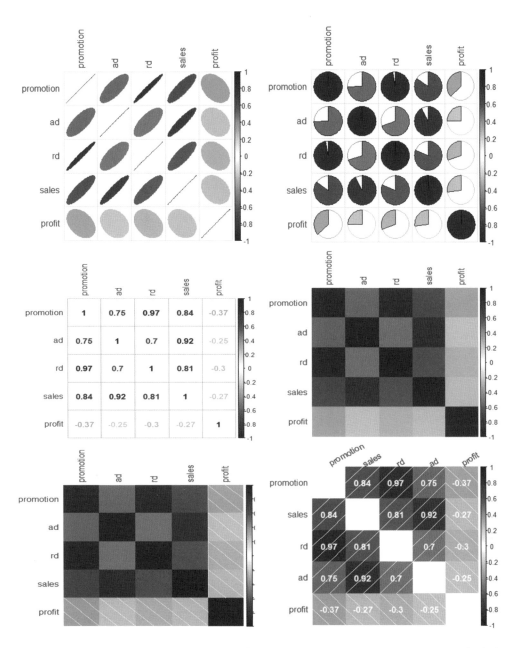

- 색상이 파란색이 양의 상관관계를 나타내며, **빨간색**(인쇄된 도서에서는 검정색)은 음의 상관관계를 나타낸다. 색상이 진할수록 상관관계가 크다.

〈상관관계 분석 연습문제〉

1. 커피 전문점의 재방문 의도, 환경 만족도, 커피 품질 만족도의 상관관계를 확인하시오.
   (coffee.csv)

2. 학생들의 수업 중 태도들과 학점의 상관관계를 확인하시오. (student.csv)

3. 학생들의 수업 시간 활동들과 학점의 상관관계를 확인하시오. (student.csv)

6 신뢰도

1) 신뢰도 분석 (Reliability Analysis)

한 변수를 측정하기 위한 척도가 측정하고자 하는 변수를 일관되게 반영하고 있는지를 확인하는 분석 방법이다. 통계분석을 통한 신뢰도 검증에서는 내적 일관성 법인 Cronbach' alpha 계수를 이용하는 방법이 가장 많이 사용된다. Cronbach' alpha 값에 대한 주요 학자의 견해를 살펴보면, Nunnally의 연구에서는 탐색적 연구는 0.6, 기초연구 분야에서는 0.8, 응용 분야에서는 0.9 이상이어야 한다고 주장했으며, Van de Van의 경우 일반적으로 Cronbach' alpha 계수가 0.6 이상이면 측정 도구의 신뢰성에 별문제가 없는 것으로 주장한다. 따라서 일반적으로 Cronbach' alpha 계수가 0.8 이상이면 신뢰성 있다고 생각하며, Cronbach' alpha계수가 적어도 0.6 이상 되어야 신뢰도에 문제가 없다고 생각한다.

〈예제 문제〉

• survey.csv

제품 품질 만족도					
문 항	불만족 ⟵ 만족 정도 ⟶ 만족				
	매우 불만족	불만족	보통	만족	매우 만족
1) 내가 마신 커피의 맛은 만족스러운 편이다.	①	②	③	④	⑤
2) 내가 받은 제품의 포장은 만족스러운 편이다.	①	②	③	④	⑤
3) 내가 받은 제품의 상태는 만족스러운 편이다.	①	②	③	④	⑤

고객 만족도					
문 항	불만족 ←── 만족 정도 ──→ 만족				
	매우 불만족	불만족	보통	만족	매우 만족
1) 매장 환경, 제품 품질, 직원 서비스, 부대시설 등을 모두 포함하여 생각할 때, 내가 방문한 점포에 대해 전반적으로 만족스럽다.	①	②	③	④	⑤
2) 기대했던 것에 비해 내가 방문한 점포에 대해 만족스럽다.	①	②	③	④	⑤
3) 내가 소요한 노력, 시간과 비교할 때 방문한 점포는 만족스럽다.	①	②	③	④	⑤
4) 매장 환경, 제품 품질, 직원 서비스, 부대시설 등을 모두 포함하여 생각할 때, 내가 방문한 점포에 대해 더 좋게 생각하게 되었다.	①	②	③	④	⑤

위에 제시된 표는 실제 설문 시에 사용된 제품 품질 만족도와 고객 만족도를 측정하는 항목이다. 이 문항들이 질문하는 변수를 잘 설명하고 있는지에 대해서 신뢰도 분석을 통해서 확인해 보자.

① 신뢰도 분석을 하기 위해서는 psych와 dplyr 패키지가 필요하다. 설치와 부착을 한다.

```
install.packages("psych")
library(psych)

install.packages("dplyr")
library(dplyr)
```

② 작업 폴더를 지정하고 신뢰도 분석 예제 데이터인 survey.csv 파일을 불러온다.

```
getwd()
setwd("c:/bigR")
```

```
reliability <- read.csv("survey.csv", header = TRUE)
reliability
```

```
> reliability <- read.csv("survey.csv", header = TRUE)
> reliability
   qual1 qual2 qual3 sat1 sat2 sat3 sat4
1      4     4     3    3    4    4    4
2      4     4     4    5    5    5    5
3      4     4     4    4    4    4    4
4      4     3     4    4    4    2    4
5      5     5     4    5    4    4    4
6      4     4     4    3    3    2    4
7      4     4     4    4    4    4    4
8      4     5     4    4    4    4    5
9      4     4     4    3    4    4    4
10     4     4     3    4    4    4    5
11     3     3     3    4    4    4    4
12     4     4     4    4    4    4    4
```

③ 제품 품질 만족도 3가지 항목과 고객 만족도 4가지를 각각 객체에 저장한다.

```
quality <- select(reliability, qual1, qual2, qual3)
satisfaction <- select(reliability, sat1, sat2, sat3)
```

④ 제품 품질 만족도 3가지 항목에 신뢰도 분석을 실시한다.

```
alpha(quality)
```

```
> alpha(quality)

Reliability analysis
Call: alpha(x = quality)
```

```
     raw_alpha std.alpha G6(smc) average_r S/N   ase mean   sd median_r
        0.81      0.81    0.78       0.58 4.2 0.031 3.9 0.62      0.5


 lower alpha upper      95% confidence boundaries
0.75 0.81 0.87


 Reliability if an item is droppcd:
      raw_alpha std.alpha G6(smc) average_r S/N alpha se var.r med.r
qual1      0.67      0.67    0.50       0.50 2.0   0.061   NA  0.50
qual2      0.61      0.61    0.44       0.44 1.6   0.070   NA  0.44
qual3      0.88      0.89    0.80       0.80 8.0   0.021   NA  0.80


 Item statistics
        n raw.r std.r r.cor r.drop mean   sd
qual1 120  0.89  0.88  0.84   0.72 4.0 0.80
qual2 120  0.90  0.90  0.88   0.78 3.9 0.69
qual3 120  0.75  0.76  0.53   0.49 3.8 0.68


Non missing response frequency for each item
         2    3    4    5 miss
qual1 0.06 0.17 0.53 0.24    0
qual2 0.04 0.15 0.65 0.16    0
qual3 0.02 0.28 0.57 0.12    0
```

우리가 봐야 할 수치는 raw_alpha 값으로 전체적인 항목은 0.81로 신뢰도가 있는 것으로 나왔지만, 문항 1번과 2번은 3번에 비해서 신뢰도가 떨어지는 것으로 나타났다.

⑤ 고객 만족도 4가지 항목에 신뢰도 분석을 실시한다.

```
alpha(satisfaction)
```

```
> alpha(satisfaction)

Reliability analysis
Call: alpha(x = satisfaction)
```

```
   raw_alpha std.alpha G6(smc) average_r S/N  ase mean  sd median_r
       0.84      0.85     0.79       0.65 5.5 0.025  3.8 0.6     0.68

 lower alpha upper     95% confidence boundaries
0.79 0.84 0.89

 Reliability if an item is dropped:
     raw_alpha std.alpha G6(smc) average_r S/N alpha se var.r med.r
sat1     0.80      0.81     0.68       0.68 4.3    0.035    NA  0.68
sat2     0.72      0.73     0.57       0.57 2.7    0.050    NA  0.57
sat3     0.81      0.81     0.68       0.68 4.3    0.035    NA  0.68

 Item statistics
       n raw.r std.r r.cor r.drop mean   sd
sat1 120  0.85  0.86  0.75   0.68  3.8 0.66
sat2 120  0.89  0.90  0.84   0.77  3.9 0.63
sat3 120  0.88  0.86  0.75   0.68  3.8 0.79

Non missing response frequency for each item
        1    2    3    4    5 miss
sat1 0.00 0.02 0.27 0.60 0.11    0
sat2 0.00 0.04 0.12 0.72 0.11    0
sat3 0.02 0.06 0.17 0.64 0.12    0
```

역시 우리가 봐야 할 raw_alpha 값을 확인해 보면, 0.84로 전체적인 신뢰도도 높으며, 각 항목의 신뢰도 역시 높은 것으로 나타났다.

• 신뢰도를 높이기 위한 방법으로는 다음과 같은 방법이 있다.
  - 측정자의 태도와 측정 방식의 일관성이 유지되도록 노력한다.
  - 문항 간의 상관관계가 유사한 경우 항목의 수를 늘리면 신뢰도가 높아지는 경우가 있다.
  - 신뢰도가 낮은 문항을 제거하면 신뢰도를 높일 수 있다.

〈신뢰도 분석 연습문제〉

1. 커피 전문점 설문지의 환경 만족도, 커피 품질 만족도, 재방문 의향의 신뢰도 분석을 각각 해보시오. (coffee.csv)

고급통계(기초통계+)

CHAPTER 05 >> 고급통계

1 회귀분석(regression analysis)

회귀분석에는 여러 가지 종류가 있지만, 여기서는 회귀분석에 대표적인 선형회귀분석에 대해서 살펴본다. 회귀분석이란 독립변수와 종속변수 간의 관계를 모델링하는 기법으로서, 독립과 종속변수 간에 선형적 관계를 1차식으로 일반화하는 분석 방법이다. 따라서 회귀분석의 목적은 독립변수가 종속변수에 미치는 영향 관계 파악에 있다. 독립변수의 개수에 따라서 단순회귀분석과 다중회귀분석이라 한다.

1) 단순회귀분석(simple regression)

앞에서 학습했던 상관분석은 두 변수의 선형 관계를 검정하였다면 회귀분석은 독립변수와 종속변수 간의 관계를 분석하는 것으로 독립변수가 1개인 경우 단순회귀분석(simple regression)이라고 한다.

단순회귀분석 회귀식은 다음과 같다.

$$y = \beta_0 + \beta_1 x + \varepsilon_i$$

단순회귀분석에 모델은 다음과 같다.

ex) 마케팅 비용 지출이 기업의 매출에 영향을 미치는지 확인하려고 한다면

R에서의 회귀분석은 lm()이라는 함수를 사용하며, lm(종속변수~독립변수) 형태로 검정한다.

〈예제 문제〉

예제 데이터	- 50개 중소기업의 매출 데이터 sales.csv
변수명	- ad: 광고비 - promotion: 판촉비 - rd: 연구개발비 - profit: 순이익 - sales: 매출
분석 목표	1. 독립변수와 종속변수 간의 상호 인과성이 있는지 파악해 보자.
가설	귀무가설 H₀: 연구개발비는 지출은 매출에 영향을 미치지 않는다. 대립가설 H₁: 연구개발비는 지출은 매출에 영향을 미친다.

"c:/bigR" 폴더에 "sales.csv" 파일을 준비한다.

작업 폴더 설정을 확인한 후, 작업 폴더의 경로를 "c:/bigR"으로 설정한다.

```
getwd()
setwd("c:/bigR")
```

① sales 데이터를 import 한다.

② sales 데이터의 구조를 확인한다.

```
sales <- read.csv("sales.csv", header = TRUE)

str(sales)
```

③ sales.lm 객체에 lm() 함수를 사용하여 sales(종속변수) ~ rd(독립변수) 간의 회귀분석을 저장한다.

④ sales.lm의 결과를 확인한다.

```
sales.lm <- lm(sales ~ rd, data = sales)

summary(sales.lm)
```

```
> sales.lm <- lm(sales ~ rd, data = sales)
> summary(sales.lm)

Call:
lm(formula = sales ~ rd, data = sales)

Residuals:
   Min    1Q Median    3Q    Max
-49.40 -19.69  -0.42  15.50  62.98

Coefficients:
            Estimate Std. Error t value Pr(>|t|)
(Intercept)   17.412     10.785   1.614    0.113
rd            10.768      1.116   9.647  8.1e-13 ***
---
Signif. codes:  0 '***' 0.001 '**' 0.01 '*' 0.05 '.' 0.1 ' ' 1
```

```
Residual standard error: 27.02 on 48 degrees of freedom
Multiple R-squared:  0.6597,    Adjusted R-squared:  0.6527
F-statistic: 93.07 on 1 and 48 DF,  p-value: 8.097e-13
```

회귀분석 결과 p-value가 8.097e-13 로서, 귀무가설이 기각되고 대립가설이 채택되는 것을 볼 수 있다. 따라서 연구개발비 지출은 매출에 영향을 미치며, 추정값이 정(+)값을 가지기 때문에 연구개발비가 증가할수록 매출 역시 증가한다는 것을 알 수 있다. R-squared 값은 결정계수(coefficient of determination)를 나타내며 0.65를 나타내며, 종속변수의 분산의 65%가 독립변수에 의해 설명된다는 것을 나타낸다.

회귀분석 결과에 따른 적합한 회귀식을 그려 주면 다음과 같다.

```
plot(sales ~ rd, data=sales)

abline(sales.lm)
```

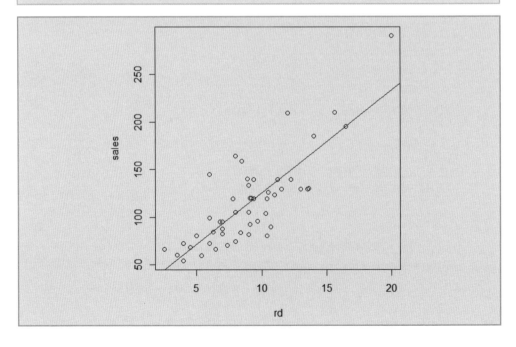

2) 다중회귀분석(multiple regression analysis)

두 개 이상의 독립변수와 하나의 종속변수를 분석하는 기법으로, 단순회귀분석에서 확장된 개념이다. 다중회귀분석에서는 변수들 간의 다중공선성(multicollinearity)과 자기상관(autocorrelation)이 없어야 한다. 단순회귀분석보다 다중회귀분석이 실제 분석에서 더 많이 사용된다.

다중회귀분석 회귀식은 다음과 같다.

$$y = \beta_0 + \beta_1 X_1 + \beta_2 X_2 + \ldots + \beta_n X_n + \varepsilon$$

다중회귀분석에 모델은 다음과 같다.

ex) 기업의 매출에 영향을 미치는지 요인을 확인하려고 한다면

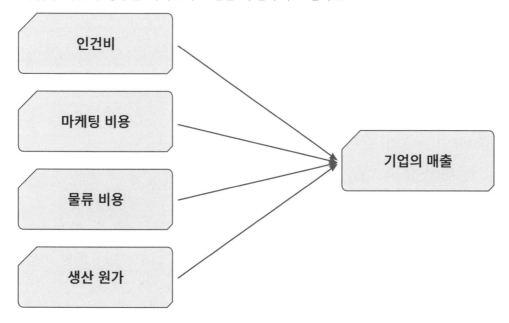

⟨예제 문제⟩

예제 데이터	- 50개 중소기업의 매출데이터 sales.csv
변수명	- ad: 광고비 - promotion: 판촉비 - rd: 연구개발비 - profit: 순이익 - sales: 매출
분석 목표	1. 독립변수와 종속변수 간의 상호 인과성이 있는지 파악해 보자.
가설	귀무가설 H₀: 연구개발비, 판촉비, 광고비의 지출은 순이익에 영향을 미치지 않는다. 대립가설 H₁: 연구개발비, 판촉비, 광고비의 지출은 순이익에 영향을 미친다.

"c:/bigR" 폴더에 "sales.csv" 파일을 준비한다.

작업 폴더 설정을 확인한 후, 작업 폴더의 경로를 "c:/bigR" 으로 설정한다.

```
getwd()
setwd("c:/bigR")
```

① sales 데이터를 import 한다.

② sales 데이터의 구조를 확인한다.

```
sales <- read.csv("sales.csv", header = TRUE)

str(sales)
```

③ sales.lm2 객체에 lm() 함수를 사용하여 profit(종속변수) ~ rd(독립변수) + ad + promotion 간의 회귀분석을 저장한다.

④ sales.lm2의 결과를 확인한다.

```
sales.lm2 <- lm(profit ~ rd + ad + promotion , data = sales)

summary(sales.lm2)
```

```
> sales.lm2 <- lm(profit ~ rd + ad + promotion , data = sales)
> summary(sales.lm2)

Call:
lm(formula = profit ~ rd + ad + promotion, data = sales)

Residuals:
    Min     1Q Median     3Q    Max
-7.6205 -3.5423 -0.9452  3.7131 15.9402

Coefficients:
            Estimate Std. Error t value Pr(>|t|)
(Intercept) 24.26043    2.50727   9.676 1.15e-12 ***
rd           2.01421    1.00978   1.995   0.0520 .
ad           0.04374    0.06571   0.666   0.5090
promotion   -2.46995    0.97266  -2.539   0.0146 *
---
Signif. codes:  0 '***' 0.001 '**' 0.01 '*' 0.05 '.' 0.1 ' ' 1

Residual standard error: 5.395 on 46 degrees of freedom
Multiple R-squared:  0.2058,    Adjusted R-squared:  0.154
F-statistic: 3.972 on 3 and 46 DF,  p-value: 0.01341
```

회귀분석 결과 p-value가 0.01341로서, 귀무가설이 기각되고 대립가설이 채택되는 것을 볼 수 있다. 따라서 연구개발비와 광고비는 순이익에 영향을 주진 않지만 판촉비의 지출은 순이익에 영향을 미치며, 추정값이 부(-)값을 가지기 때문에 판촉비가 증가할수록 순이익이 감소한다는 것을 알 수 있다. R-squared 값은 결정계수(coefficient of determination)를 나타내며 0.2를 나타내며, 종속변수의 분산의 20%가 독립변수에 의해 설명된다는 것을 나타낸다.

- 여기서 주의해야 할 점은 다중회귀분석에서는 다중공선성이라는 것을 확인해야 한다. 만약 독립변수들이 서로 높은 상관관계를 가지면 회귀계수의 정확히 추정이 어려워 모델의 정확도가 하락하게 된다.

- 다중공선성을 판단하는 방법에는 여러 가지가 있으며, R에서는 car 패키지에 있는 vif() 함수를 통해서 vif 값을 구할 수 있으며, 4가 넘으면 다중공선성이 존재한다고 볼 수 있으며, 10이 넘으면 심각하다고 할 수 있다.

⑤ car 패키지를 설치하고 부착한다.

```
install.packages("car")
library(car)
```

⑥ vif() 함수를 통해서 다중공선성을 확인한다.

```
vif(sales.lm2)
```

```
> vif(sales.lm2)
       rd          ad promotion
20.521048    2.338778 23.715227
```

- 연구개발비와 판촉비는 다중공선성이 심각하다는 것을 알 수 있다. 따라서 연구개발비를 제거하고 다시 다중공선성을 확인한다.

⑦ sales.lm3 객체에 연구개발비를 빼고 저장한 후, 다시 다중공선성을 확인한다.

```
sales.lm3 <- lm(profit ~ promotion + ad, data = sales)

vif(sales.lm3)
```

```
> vif(sales.lm3)
promotion         ad
 2.252658   2.252658
```

- 다중공선성의 문제가 해결된 것을 볼 수 있다. 따라서 연구개발비를 제외한 회귀분석 결과를 확인한다.

```
summary(sales.lm3)
```

```
> summary(sales.lm3)

Call:
lm(formula = profit ~ promotion + ad, data = sales)

Residuals:
    Min     1Q  Median     3Q     Max
-12.974  -3.577  -0.769   3.353  16.143

Coefficients:
            Estimate Std. Error t value Pr(>|t|)
(Intercept) 22.66776    2.45089   9.249 3.74e-12 ***
promotion   -0.62423    0.30913  -2.019   0.0492 *
ad           0.01859    0.06650   0.280   0.7811
---
Signif. codes:  0 '***' 0.001 '**' 0.01 '*' 0.05 '.' 0.1 ' ' 1

Residual standard error: 5.564 on 47 degrees of freedom
Multiple R-squared:  0.1371,    Adjusted R-squared:  0.1003
F-statistic: 3.733 on 2 and 47 DF,  p-value: 0.0313
```

회귀분석 결과 p-value가 0.0313로서, 귀무가설이 기각되고 대립가설이 채택되는 것을 볼 수 있다. 판촉비 역시 순이익에 영향을 미치고 있지만, 처음보다 p-value 값이 증가하고, R-squared 값 역시 하락한 것을 확인할 수 있다.

- 회귀분석에도 단순, 다중회귀분석 이외에도 로지스틱, 프로빗 회귀분석 등의 다양한 회귀분석이 있다. 이 부분은 활용편 교재에서 배워보도록 하자.

〈회귀분석 연습문제〉

1. 학생들의 수강 강좌 수에 따라서 학점에 차이가 있는지 확인하시오. (student.csv)

2. 커피 전문점의 재방문 의도에 환경 만족도와 커피 품질 만족도가 어떻게 영향을 미치는
   지 확인하시오. (coffeee.csv)

3. 학생들의 수업 중 태도들이 학점에 영향을 주는지 확인하시오. (student.csv)

4. 학생들의 수업시간 활동이 학점에 어떻게 영향을 주는지 확인하시오. (student.csv)

2 분산분석(anova)

분산분석(analysis of variance : ANOVA)은 일반적으로 세 집단 이상의 평균값을 비교하여 차이를 검증하는데 사용되는 통계 기법이다. 분산분석은 F-value를 검정 통계량으로 사용하며, F-value는 집단 간의 평균 차이가 독립변수에 의해서 달라지는 것을 계산한 결괏값이다. 일반적으로 One-way ANOVA(일원배치 분산분석)와 Two-way ANOVA(이원배치분산분석)가 가장 많이 사용되며, 두 분석 간의 차이는 독립변수의 개수가 1개인지 2개인지에 따라서 결정된다. 일반적으로 분산분석에서의 독립변수는 범주를 나타내는 명목 척도로 측정되며, 종속변수는 연속형 자료로서 간격 혹은 비율 척도로 측정된다. 일반적으로 One-way, Two-way, Three-way ANOVA까지 자주 사용된다. 이외에도 공변량을 고려해서 분석을 하는 공분산분석(ANCOVA), 다변량분산분석(MANOVA) 등이 있다. 이 책에서는 One-way ANOVA를 학습하고, 나머지 분석 방법은 활용편에서 다룰 것이다.

1) One-way ANOVA(일원배치 분산분석)

〈예제 문제〉

예제 데이터	- 3가지 교육 방법별로 교육을 이수한 영업사원들의 영업실적을 조사 jobedu.csv
변수명	- id: id 번호 - method: 영업역량강화 교육방법(1: 집체교육, 2: 멘토링교육,3: 온라인교육) - performance: 영업직원들의 영업실적(단위: 억 원) 　(단, 입사 6개월 이내 인력은 교육을 받았어도 영업실적 조사에서 제외함 -> 99로 표시)

분석 목표	영업역량강화 교육방법별 영업직원의 영업실적에 차이가 있는지 확인하시오.
가설	귀무가설 H0 : 3가지 교육 프로그램에 따른 판매 실적이 같을 것이다. 대립가설 H1 : 3가지 교육 프로그램에 따른 판매 실적이 다를 것이다.

"c:/bigR" 폴더에 "jobedu.csv" 파일을 준비한다.

작업 폴더 설정을 확인한 후, 작업 폴더의 경로를 "c:/bigR"으로 설정한다.

```
getwd()
setwd("c:/bigR")
```

① jobedu 데이터를 import 한다.

```
jobedu <- read.csv("jobedu.csv", header = TRUE)
```

• One-way ANOVA(일원배치 분산분석)을 수행할 때는 독립성, 정규성, 등분산성 3가지를 주의해야 한다.

```
1. 독립성 : 독립변수가 상호 독립적인지 확인한다.
2. 정규성 : 독립변수에 대한 종속변수는 정규 분포를 만족해야 한다.
3. 등분산성 : 집단의 분산 정도가 다른가를 검정한다.
```

② 정규성 검증을 위해 Shapiro-wilk 검정을 수행한다.

```
tapply(jobedu$performance, jobedu$method, shapiro.test)
```

```
> tapply(jobedu$performance, jobedu$method, shapiro.test)
$`1`

        Shapiro-Wilk normality test
```

```
data:  X[[i]]
W = 0.62329, p-value = 1.136e-06



$`2`

        Shapiro-Wilk normality test

data:  X[[i]]
W = 0.67584, p-value = 5.238e-08


$`3`

        Shapiro-Wilk normality test

data:  X[[i]]
W = 0.52683, p-value = 7.263e-09
```

세 집단 모두 p-value 값이 0.05보다 작으므로 정규 분포를 만족한다고 보기 힘들다.

(Shapiro-Wilk normality test는 p-value가 0.05 보다 클 때 정규 분포를 만족한다.)

하지만 앞에 데이터를 확인해 보면 입사한 지 6개월 이내의 사람들을 결측치 99로 처리했다.

③ 결측치 제거를 위해서 dplyr 패키지를 설치 및 부착한다.

```
install.packages("dplyr")
library(dplyr)
```

④ 결측치가 있는지를 확인한다. is.na() 함수로 99가 결측치로 인정되지 않는 것을 확인할 수 있다.

```
is.na(jobedu)
table(is.na(jobedu$performance))
```

```
> is.na(jobedu)
        id method performance
 [1,] FALSE  FALSE       FALSE
 [2,] FALSE  FALSE       FALSE
 [3,] FALSE  FALSE       FALSE
 [4,] FALSE  FALSE       FALSE
 [5,] FALSE  FALSE       FALSE
 [6,] FALSE  FALSE       FALSE
 [7,] FALSE  FALSE       FALSE
 [8,] FALSE  FALSE       FALSE
 [9,] FALSE  FALSE       FALSE
[10,] FALSE  FALSE       FALSE
[11,] FALSE  FALSE       FALSE
[12,] FALSE  FALSE       FALSE
[13,] FALSE  FALSE       FALSE

> table(is.na(jobedu$performance))

FALSE
   94
```

⑤ 그 후, 결측치가 99인 것을 입력하고, jobedu2 객체에 결측치가 제거된 데이터를 저장한다.

```
jobedu$performance <- ifelse(jobedu$performance == 99, NA,
jobedu$performance)
```

```
is.na(jobedu)
table(is.na(jobedu$performance))


jobedu2 <-jobedu %>% filter(!is.na(performance))
```

```
> jobedu$performance <- ifelse(jobedu$performance == 99, NA,
jobedu$performance)
> is.na(jobedu)
        id method performance
 [1,] FALSE  FALSE        FALSE
 [2,] FALSE  FALSE        FALSE
 [3,] FALSE  FALSE        FALSE
 [4,] FALSE  FALSE         TRUE

> table(is.na(jobedu$performance))

FALSE  TRUE
   84    10

> jobedu2 <-jobedu %>% filter(!is.na(performance))
```

⑥ jobedu2 데이터로 다시 정규성 검정을 위해 Shapiro-wilk 검정을 한다.

```
tapply(jobedu2$performance, jobedu2$method, shapiro.test)
```

```
> tapply(jobedu2$performance, jobedu2$method, shapiro.test)
$`1`

        Shapiro-Wilk normality test

data:  X[[i]]
W = 0.91363, p-value = 0.05618



$`2`
```

```
        Shapiro-Wilk normality test

 data:  X[[i]]
 W = 0.97381, p-value = 0.5559



 $`3`

        Shapiro-Wilk normality test

 data:  X[[i]]
 W = 0.92741, p-value = 0.05973
```

세 집단 모두 p-value가 0.05보다 크므로 정규성을 충족한다.

⑦ 등분산성 검정을 위하여 bartlett 검증을 한다.

```
bartlett.test(jobedu2$performance, jobedu2$method, data=jobedu2)
```

```
> bartlett.test(jobedu2$performance, jobedu2$method, data=jobedu2)

        Bartlett test of homogeneity of variances

data:  jobedu2$performance and jobedu2$method
Bartlett's K-squared = 3.1053, df = 2, p-value = 0.2117
```

p-value가 0.05보다 크기 때문에 등분산성을 충족한다. (참고: 등분산 검정에는 여러 가지 방법이 있으며, 집단이 2개일 때는 F검정이라고 불리는 var test를 실행하며, 집단이 3 집단 이상일 때는 Bartlett 검정과 Levene 검정을 대표적으로 사용한다. Bartlett 검정은 정규성 가정이 만족한 집단에 대해 검정하는 방법이며, Levene 검정은 정규성 가정과 상관 없이 분석이 가능한 방법이다. 여기서는 Bartlett 검정을 사용하였으며, Leveno 검정을 사용하기 위해서는 lawstat 패키지를 설치와 부착한 후, bartlett.test 부분을 levene.test로 바꿔서 사용하면 된다.)

⑧ 정규성과 등분산성 검정을 충족했기 때문에 One-way ANOVA를 수행한다.

```
jobedu.lm <- lm(performance ~ method, data = jobedu2)
anova(jobedu.lm)
```

```
> anova(jobedu.lm)
Analysis of Variance Table

Response: performance
          Df Sum Sq Mean Sq F value    Pr(>F)
method     1 1499.6 1499.62  14.934 0.0002217 ***
Residuals 82 8234.1  100.42
---
Signif. codes:  0 '***' 0.001 '**' 0.01 '*' 0.05 '.' 0.1 ' ' 1
```

ANOVA 분석 결과 p-value가 0.05보다 작기 때문에 귀무가설을 기각하고 대립가설을 채택한다. 따라서 각 집단별 평균에 차이가 있다. 즉 교육 과정별 성과에 차이가 있다고 볼 수 있다.

각 집단별 평균과 차이를 확인하기 위해서 사후 검정을 실시한다. 사후 검정에는 Tukey HSD, sheffe, Bonferroni가 있으며, 여기서는 Bonferroni를 사용한다.

⑨ 사후 검정 Bonferroni를 수행한다. (agricolae 패키지를 사용한다.)

```
install.packages("agricolae")
library(agricolae)
model<-aov(performance~method,jobedu2)
comparison<-LSD.test(model,"method",p.adj="bonferroni",group=T)
comparison
```

```
> comparison
$`statistics`
   MSerror Df  Mean       CV
  100.4162 82 22.75 44.04743


$parameters
        test  p.ajusted name.t ntr alpha
  Fisher-LSD bonferroni method   3  0.05


$means
   performance      std  r      LCL      UCL Min Max   Q25 Q50   Q75
1    8.318182 3.846908 22  4.068123 12.56824   2  17  5.25   8  9.75
2   33.171429 4.495002 35 29.801876 36.54098  24  44 30.50  33 36.00
3   21.000000 3.222517 27 17.163596 24.83640  14  29 19.00  21 23.50


$comparison
NULL


$groups
  performance groups
2   33.171429      a
3   21.000000      b
1    8.318182      c


attr(,"class")
[1] "group
```

각 집단별 평균 차이를 확인할 수 있다.

〈분산분석 연습문제〉

1. 커피 전문점에 브랜드에 따라서 재방문 의도에 차이가 있는지 확인하시오. (coffee.csv)

2. 커피 전문점에 따라서 커피 품질의 만족도의 차이가 있는지 확인하시오. (coffee.csv)

3. 커피 전문점에 따라서 내부 환경 만족도에 차이가 있는지 확인하시오. (coffee.csv)

4. 학생들의 전공에 따라서 학점에 차이가 있는지 확인하시오. (student.csv)

5. 학생들의 거주 형태에 따라서 학점에 차이가 있는지 확인하시오.(student.csv)

6. 학생들의 통학 시간에 따라서 학점에 차이가 있는지 확인하시오.(student.csv)

3 군집분석(regression analysis)

군집분석은 각 개체들의 특성을 기준으로 종속변수 없이 몇 개의 군집으로 세분화하는 방법으로, 인구통계학적, 사회적, 행태적 특성을 통해서 고객을 세분화하기 위하여 사용한다. 군집분석은 계층적, 비계층적 분석 방법으로 구분된다.

계층적 분석 방법에는 최장 연결법, 최단 연결법, 평균 연결법, 와드 연결법이 있으며, 비계층적 분석 방법에는 대표적으로 k-means 등이 있다.

1) 최장 연결법(Complete Linkage Method)

기존의 군집에 모든 객체에 대하여 일정 거리에 있는 객체를 동일한 군집에 포함시키며, 군집 간의 거리는 각 군집에 속해 있는 가장 먼 거리로 산정한다. 최장 연결법은 최단 연결법과 대조적인 관계에 있으며, 최장 연결법은 군집들의 응집성을 찾는 데 유용하다고 할 수 있다

소스 편집기에 다음과 같이 입력을 한다.

```
a <- c(2, 5)
b <- c(4, 3)
c <- c(4, 6)
d <- c(3, 5)
e <- c(2, 7)

data <- data.frame(a, b, c, d, e)
clustering <- t(data)
clustering
```

R 콘솔 창에 다음과 같은 실행 결과가 나온다.

```
> a <- c(2, 5)
> b <- c(4, 3)
> c <- c(4, 6)
> d <- c(3, 5)
> e <- c(2, 7)
> data <- data.frame(a, b, c, d, e)
> clustering <- t(data)
> clustering
  [,1] [,2]
a    2    5
b    4    3
c    4    6
d    3    5
e    2    7
```

```
(cluster1 <- hclust(dist(clustering)^2, method = "complete"))
plot(cluster1)
```

```
> (cluster1 <- hclust(dist(clustering)^2, method = "complete"))

Call:
hclust(d = dist(clustering)^2, method = "complete")

Cluster method   : complete
Distance         : euclidean
Number of objects: 5
```

실행을 하면 그래프 화면에 다음과 같은 그래프가 나타난다.

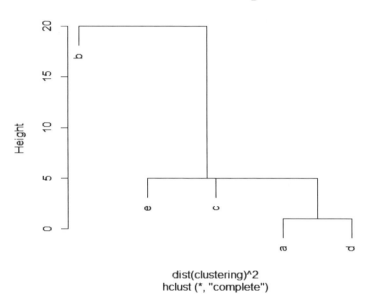

2) 최단 연결법(Single Linkage Method)

두 군집 U와 V 사이의 거리 d_{UV}를 각 군집에 속하는 임의의 두 개체들 사이의 거리 중에서 최단 거리로 정의하여 가장 유사성이 큰 군집을 묶어 나가는 방법이다. 즉 기존의 군집에 속해 있는 객체들 중에서 가장 가까운 객체부터 군집에 포함시키는 방식이다.

소스 편집기에 다음과 같이 입력을 한다.

```
(cluster2 <- hclust(dist(clustering)^2, method = "single"))
plot(cluster2)
```

```
> (cluster2 <- hclust(dist(clustering)^2, method = "single"))

Call:
hclust(d = dist(clustering)^2, method = "single")


Cluster method   : single
Distance         : euclidean
Number of objects: 5
```

실행을 하면 그래프 화면에 다음과 같은 그래프가 나타난다.

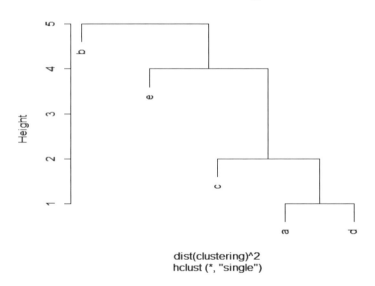

Cluster Dendrogram

dist(clustering)^2
hclust (*, "single")

3) 와드 연결법(Ward's Method)

중심 연결법과 유사한 방법으로 새로운 군집으로 인해서 파생되는 유클리드 제곱거리로 측정한 유사성 거리를 사용하여, 두 군집 사이의 거리로 정의하여 유사성이 가장 큰 군집을 묶어 나가는 방법이다.

소스 편집기에 다음과 같이 입력을 한다.

```
(cluster3 <- hclust(dist(clustering)^2, method = "ward.D2"))
plot(cluster3)
```

```
> (cluster3 <- hclust(dist(clustering)^2, method = "ward.D2"))

Call:
hclust(d = dist(clustering)^2, method = "ward.D2")

Cluster method   : ward.D2
Distance         : euclidean
Number of objects: 5
```

실행을 하면 그래프 화면에 다음과 같은 그래프가 나타난다.

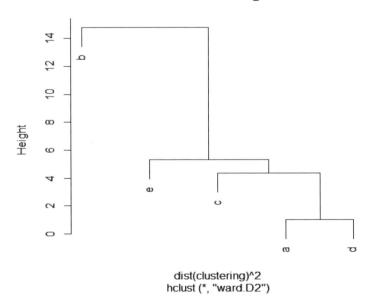

Cluster Dendrogram

dist(clustering)^2
hclust (*, "ward.D2")

4) 평균 연결법(Average Method)

군집 간의 거리를 각 군집에 개체와의 평균 거리로 계산하여, 군집 내의 객체와의 평균 거리가 가장 가까운 군집에 포함시키는 방법이다.

소스 편집기에 다음과 같이 입력을 한다.

```
(cluster4 <- hclust(dist(clustering)^2, method = "average"))
plot(cluster4)
```

R 콘솔 창에 다음과 같은 실행 결과가 나온다.

```
> (cluster4 <- hclust(dist(clustering)^2, method = "average"))

Call:
hclust(d = dist(clustering)^2, method = "average")

Cluster method   : average
Distance         : euclidean
Number of objects: 5
```

실행을 하면 그래프 화면에 다음과 같은 그래프가 나타난다.

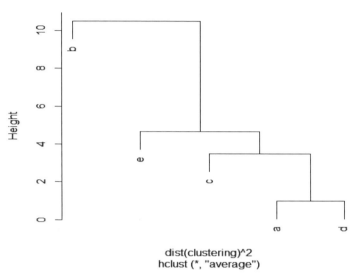

5) K-means

k-means 군집분석은 초기에 원하는 군집 수만큼(k) 지정하고, 각 개체에 가까운 군집으로 형성한 뒤, 군집의 평균을 재계산하여 초깃값을 갱신한다. 그 후, 할당 과정을 반복하여 k개의 최종 군집을 형성한다. 타 군집 방법에 비해 연산 시간이 상대적으로 짧으며, 연속형 변수만 사용할 수 있고 범주형 자료는 사용할 수 없다. 유클리디안 거리만 사용하며, 사전에 군집수를 연구자가 직접 결정해야 하기 때문에 군집 수 결정이 어렵다.

소스 편집기에 다음과 같이 입력을 한다.

```
kmeans <- iris
head(kmeans)
```

R 콘솔 창에 다음과 같은 실행 결과가 나온다.

```
> kmeans <- iris
> head(kmeans)
  Sepal.Length Sepal.Width Petal.Length Petal.Width Species
1          5.1         3.5          1.4         0.2  setosa
2          4.9         3.0          1.4         0.2  setosa
3          4.7         3.2          1.3         0.2  setosa
4          4.6         3.1          1.5         0.2  setosa
5          5.0         3.6          1.4         0.2  setosa
6          5.4         3.9          1.7         0.4  setosa
```

소스 편집기에 다음과 같이 입력을 한다.

```
kmeans$Species <- NULL
head(kmeans)
```

R 콘솔 창에 다음과 같은 실행 결과가 나온다.

```
> kmeans$Species <- NULL
> head(kmeans)
  Sepal.Length Sepal.Width Petal.Length Petal.Width
1          5.1         3.5          1.4         0.2
2          4.9         3.0          1.4         0.2
3          4.7         3.2          1.3         0.2
4          4.6         3.1          1.5         0.2
5          5.0         3.6          1.4         0.2
6          5.4         3.9          1.7         0.4
```

```
(k <- kmeans(kmeans, 5))
```

```
> (k <- kmeans(kmeans, 5))
K-means clustering with 5 clusters of sizes 50, 4, 40, 32, 24

Cluster means:
  Sepal.Length Sepal.Width Petal.Length Petal.Width
1     5.006000    3.428000     1.462000     0.24600
2     5.000000    2.300000     3.275000     1.02500
3     6.252500    2.855000     4.815000     1.62500
4     6.912500    3.100000     5.846875     2.13125
5     5.620833    2.691667     4.075000     1.26250


Clustering vector:
  [1] 1 1 1 1 1 1 1 1 1 1 1 1 1 1 1 1 1 1 1 1 1 1 1 1 1 1 1 1 1 1 1 1 1 1 1 1 1 1 1 1
1 1 1 1 1 1 1
 [41] 1 1 1 1 1 1 1 1 1 1 3 3 3 5 3 5 3 2 3 5 2 5 5 3 5 3 5 5 5 3 5 3 5 3 5 3
3 3 3 3 3 5
 [81] 5 5 5 3 5 3 3 3 5 5 5 3 5 2 5 5 5 3 2 5 4 3 4 4 4 4 5 4 4 4 3 3 4
3 3 4 4 4 4 3
[121] 4 3 4 3 4 4 3 3 4 4 4 4 4 3 3 4 4 4 3 4 4 4 3 4 4 4 3 3 4 3


Within cluster sum of squares by cluster:
[1] 15.151000  0.295000 13.624750 18.703437  5.219167
 (between_SS / total_SS =  92.2 %)


Available components:

[1] "cluster"       "centers"       "totss"         "withinss"      "tot.
withinss"
[6] "betweenss"     "size"          "iter"          "ifault"
```

```
table(iris$Species, k$cluster)
```

```
> table(iris$Species, k$cluster)

             1  2  3  4  5
  setosa    50  0  0  0  0
  versicolor  0  4 23  0 23
  virginica   0  0 17 32  1
```

```
plot(kmeans[c("Sepal.Length", "Sepal.Width")], main = "kmeans", col =
k$cluster)
```

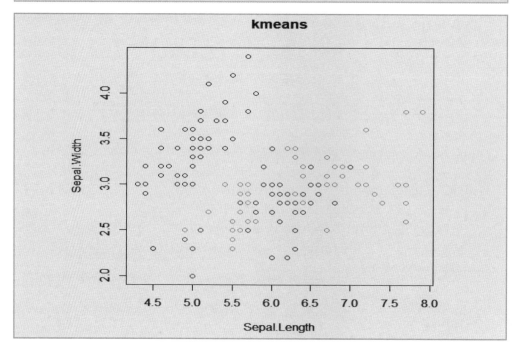

k-means의 경우 군집의 개수를 나뉘는 것도 어렵지만 그래프로 확인하였을 때, 군집 간의 경계가 확실하지 않거나 어떤 객체는 왜 군집에 속해 있는지 알기 어려울 때도 있다.

• 군집분석은 활용편에 고급통계에서 좀 더 자세히 다룬다.

4 시계열분석

시계열분석은 시간에 순서에 따라 정리되어 있는 자료를 가지고 분석하는 통계 기법이다. 시계열은 인과성을 가지지 않지만, 과거의 자료를 기반으로 단기 혹은 장기적인 예측을 위해서 사용된다. 시계열에서는 이동 평균, 지수 평활 등에 여러 가지 방법이 존재하며, 자세한 내용은 활용편 교재에서 다루게 될 것이다. 통계 기법 중에 기본편에 넣기 힘든 어려운 분석이지만, 실제로 이런 것이 있다는 정도만 확인해 보자.

여기서는 기존에 R에 내장되어 있는 데이터 세트인 AirPassengers를 가지고 시계열분석을 학습해 본다.

소스 편집기에 다음과 같이 입력을 한다.

```
airts <- ts(AirPassengers, frequency = 12)
plot(airts)
```

실행을 하면 그래프 화면에 다음과 같은 그래프가 나타난다.

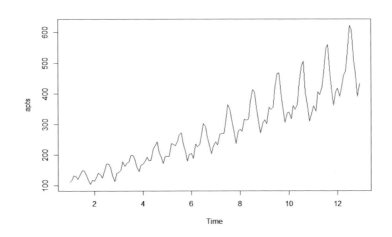

소스 편집기에 다음과 같이 입력을 한다.

```
acf(airts)
```

실행을 하면 그래프 화면에 다음과 같은 그래프가 나타난다.

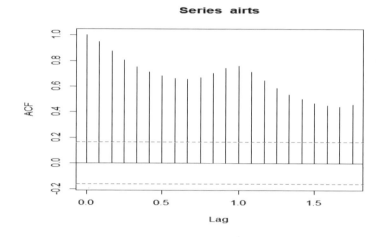

소스 편집기에 다음과 같이 입력을 한다.

```
pacf(airts)
```

실행을 하면 그래프 화면에 다음과 같은 그래프가 나타난다.

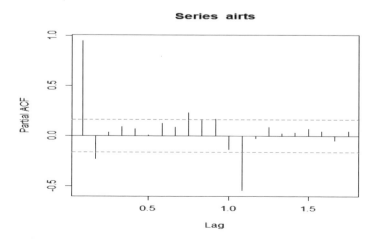

소스 편집기에 다음과 같이 입력을 한다.

```
spectrum(airts)
```

실행을 하면 그래프 화면에 다음과 같은 그래프가 나타난다.

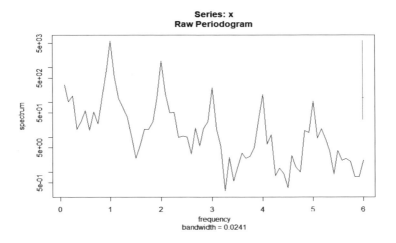

소스 편집기에 다음과 같이 입력을 한다.

```
acf(diff(log(AirPassengers)))
```

실행을 하면 그래프 화면에 다음과 같은 그래프가 나타난다.

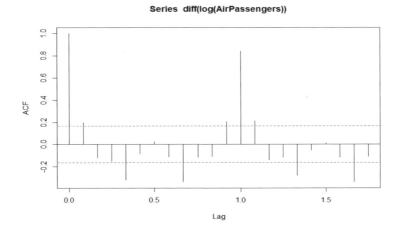

소스 편집기에 다음과 같이 입력을 한다.

```
pacf(diff(log(AirPassengers)))
```

실행을 하면 그래프 화면에 다음과 같은 그래프가 나타난다.

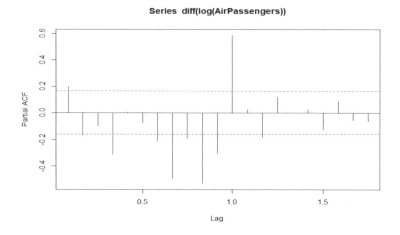

1) 장기추세선의 제거

소스 편집기에 다음과 같이 입력을 한다.

```
install.packages("zoo")
library(zoo)
```

소스 편집기에 다음과 같이 입력을 한다.

```
airts.lm <- lm(coredata(airts) ~ index(airts))
airts.eltr <- ts(resid(airts.lm), index(airts))
plot(airts.eltr)
```

실행을 하면 그래프 화면에 다음과 같은 그래프가 나타난다.

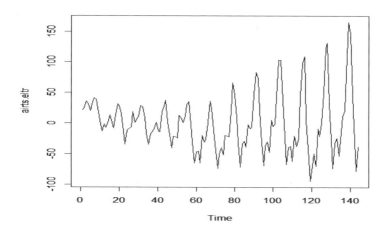

소스 편집기에 다음과 같이 입력을 한다.

```
plot(diff(log(airts)))
```

실행을 하면 그래프 화면에 다음과 같은 그래프가 나타난다.

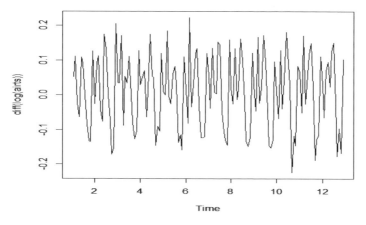

추세(차분), 계절 요인(이동 평균), 순환 변동, 불규칙 변동의 추출

소스 편집기에 다음과 같이 입력을 한다.

```
de <- decompose(airts)
attributes(de)
```

R 콘솔 창에 다음과 같은 실행 결과가 나온다.

```
> de <- decompose(airts)
> attributes(de)
$`names`
[1] "x"         "seasonal" "trend"     "random"    "figure"    "type"

$class
[1] "decomposed.ts"
```

소스 편집기에 다음과 같이 입력을 한다.

```
plot(de$figure, type = "b", xaxt = "n", xlab = "")
```

실행을 하면 그래프 화면에 다음과 같은 그래프가 나타난다.

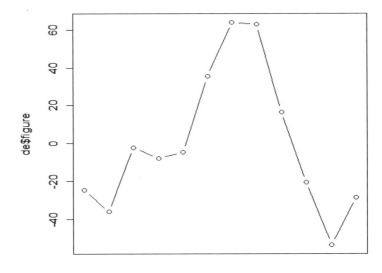

소스 편집기에 다음과 같이 입력을 한다.

```
monthNames <- months(ISOdate(2012, 1:12, 1))
axis(1, at = 1:12, labels = monthNames, las = 2)
```

실행을 하면 그래프 화면에 다음과 같은 그래프가 나타난다.

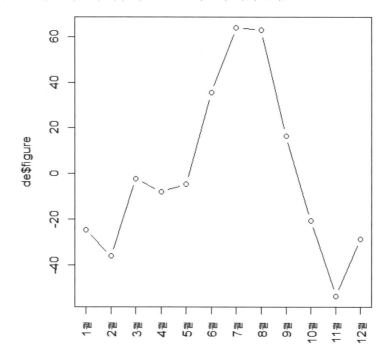

소스 편집기에 다음과 같이 입력을 한다.

```
plot(de)
```

실행을 하면 그래프 화면에 다음과 같은 그래프가 나타난다.

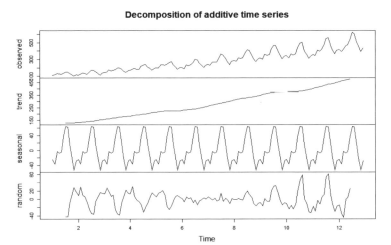

2) 시계열을 이용한 예측

일반적으로 ARIMA보다 지수평활법(Exponential smoothing) 방법이 좀 더 robust하다고 알려져 있다(간단하고 실무에서 많이 쓰이나 과학적인 증명이 되어 있지 않음).

ARIMA는 차수를 구하기 위한 과정이 중요하며, 시계열 예측 모델링은 과학이 아니라 경험적인 기술의 분야라고 할 수 있다.

소스 편집기에 다음과 같이 입력을 한다.

```
install.packages("forecast")
library(forecast)
```

소스 편집기에 다음과 같이 입력을 한다.

```
airts.arima <- auto.arima(airts)
summary(airts.arima)
```

R 콘솔 창에 다음과 같은 실행 결과가 나온다.

```
> airts.arima <- auto.arima(airts)
> summary(airts.arima)
Series: airts
ARIMA(2,1,1)(0,1,0)[12]

Coefficients:
         ar1      ar2      ma1
      0.5960   0.2143  -0.9819
s.e.  0.0888   0.0880   0.0292

sigma^2 estimated as 132.3:  log likelihood=-504.92
AIC=1017.85   AICc=1018.17   BIC=1029.35

Training set error measures:
                    ME      RMSE      MAE       MPE      MAPE      MASE
ACF1
Training set 1.3423 10.84619 7.86754 0.420698 2.800458 0.245628
-0.00124847
```

소스 편집기에 다음과 같이 입력을 한다.

```
forecast <- predict(airts.arima, n.ahead = 24)
U <- forecast$pred + 2*forecast$se
L <- forecast$pred - 2*forecast$se
airts.smoothing <- HoltWinters(airts, seasonal = "mul")
forecast2 <- predict(airts.smoothing,n.ahead = 24)
ts.plot(airts, forecast$pred, U, L, forecast2,col = c(1,2,3,4,6), lty =
c(1,2,2,3,3))
legend("topleft", c("Actual", "ARIMA", "ARIMA Error Bounds (95%
Confidence)", "exponential smoothing"),col = c(1,2,4,6), lty =
c(1,1,2,3))
```

실행을 하면 그래프 화면에 다음과 같은 그래프가 나타난다.

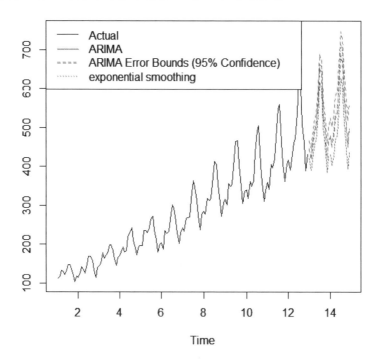

분산을 일정하게 하는 변수 변환을 한 경우에는 추정 모수의 개수는 늘어났지만 AIC나 BIC 값이 이전보다 크게 줄어든 것을 볼 수 있다.

소스 편집기에 다음과 같이 입력을 한다.

```
airts.log <- log(airts)
airts.log.arima <- auto.arima(airts.log)
summary(airts.log.arima)
```

R 콘솔 창에 다음과 같은 실행 결과가 나온다.

```
> airts.log <- log(airts)
> airts.log.arima <- auto.arima(airts.log)
```

```
> summary(airts.log.arima)
Series: airts.log
ARIMA(0,1,1)(0,1,1)[12]

Coefficients:
         ma1      sma1
     -0.4018   -0.5569
s.e.   0.0896    0.0731

sigma^2 estimated as 0.001371:  log likelihood=244.7
AIC=-483.4   AICc=-483.21   BIC=-474.77

Training set error measures:
                          ME        RMSE         MAE         MPE        MAPE
MASE
Training set 0.0005730622 0.03504883 0.02626034 0.01098898 0.4752815
0.2169522
                 ACF1
Training set 0.01443892
```

소스 편집기에 다음과 같이 입력을 한다.

```
forecast <- predict(airts.log.arima, n.ahead = 24)
U <- forecast$pred + 2*forecast$se
L <- forecast$pred - 2*forecast$se
airts.smoothing <- HoltWinters(airts.log, seasonal = "mul")
forecast2 <- predict(airts.smoothing,n.ahead = 24)
ts.plot(exp(airts.log), exp(forecast$pred), exp(U), exp(L),
exp(forecast2),col = c(1,2,4,4,6), lty = c(1,1,2,2,3))
```

실행을 하면 그래프 화면에 다음과 같은 그래프가 나타난다.

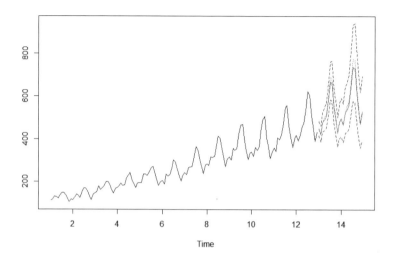

소스 편집기에 다음과 같이 입력을 한다.

```
legend("topleft", c("Actual", "ARIMA", "ARIMA Error Bounds (95%
Confidence)", "exponential smoothing"),col = c(1,2,4,6), lty =
c(1,1,2,3))
```

실행을 하면 그래프 화면에 다음과 같은 그래프가 나타난다.

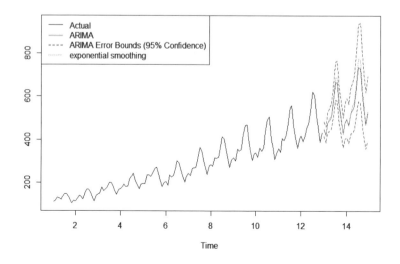

06

시각화

CHAPTER

06 >> 시각화

1 그래프 활용

이 장에서는 대표적인 몇 가지 그래프에 대해 살펴보고자 한다.

1) 산점도

산점도는 주어진 데이터를 점으로 표시해 흩뿌리듯이 시각화한 그림이다.

R에서 산점도는 plot() 함수로 그리는데, plot()은 산점도뿐만 아니라 일반적으로 객체를 시각화하는 데 모두 사용될 수 있는 일반 함수(Generic Function)이다.

일반 함수란 주어진 데이터 타입에 따라 다른 종류의 plot() 함수의 변형이 호출하며, plot. lm은 lm이라는 클래스에 정의된 plot 메소드로서 plot(lm 객체)와 같은 방식으로 호출하면 자동으로 lm 클래스의 plot이 불러오게 된다.

plot() 함수를 사용한 가장 빈번한 예는 산점도(scatter plot)를 그리는 것이다. mlbench 패키지에 있는 Ozone 데이터를 사용해 산점도 그린다.

```
methods("plot")
install.packages("mlbench")
library(mlbench)
data(Ozone)
plot(Ozone$V8, Ozone$V9)
```

```
plot(Ozone$V8, Ozone$V9, xlab ="Sandburg Temperature", ylab = "El Monte
Temperature")

plot(Ozone$V8, Ozone$V9, xlab = "Sandburg Temperature",
     ylab = "El Monte Temperature", main = "Ozone")
```

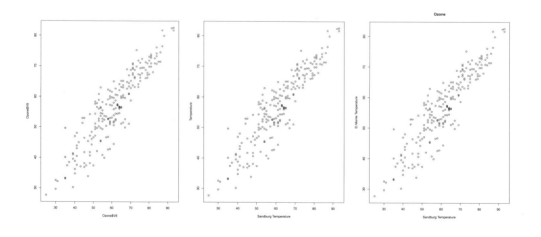

2) 점의 종류(pch)

그래프에 보이는 점은 모양은 pch로 지정하는데 pch에 숫자를 지정하면 미리 지정된 심볼이 사용되고 문자(예를들어 '+')를 지정하면 그 문자를 사용해 점을 표시한다.

```
plot(Ozone$V8, Ozone$V9 , xlab = "Sandburg Temperature",
     ylab = "El Monte Temperature" , main = "Ozone" , pch=20)
plot(Ozone$V8, Ozone$V9 , xlab = "Sandburg Temperature",
     ylab = "El Monte Temperature" , main = "Ozone" , pch = "+")
```

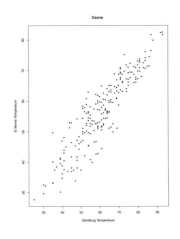
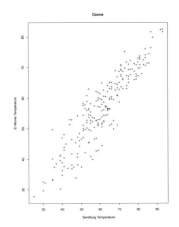

산점도에 보인 점의 크기는 cex로 조정한다.

```
plot(Ozone$V8, Ozone$V9, xlab = "Sandburg Temperature",
     ylab = "El Monte Temperature", main = "Ozone", cex = .1)
```

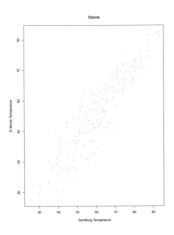

색상은 col 파라미터로 RGB 값을 각각 두 자리씩 지정(RGB 색상표는 인터넷에서 검색)한다.

```
plot(Ozone$V8, Ozone$V9, xlab = "Sandburg Temperature",
     ylab = "El Monte Temperature", main = "Ozone", col = "#0000FF")
```

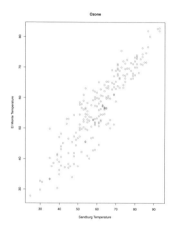

x축과 y축 각각 xlim, ylim을 사용하며 c(최솟값, 최댓값)의 형태로 각 인자에 값을 지정한다. 코드에서 보다시피 Ozone$V8과 Ozone$V9에는 NA 값이 있다. 따라서 최댓값을 구할 때 na.rm=TRUE를 사용한다. 적당한 값으로 x축과 y축의 값을 지정한다.

```
plot(Ozone$V8, Ozone$V9, xlab = "Sandburg Temperature",
     ylab = "El Monte Temperature" , main = "Ozone")
max(Ozone$V8)

max(Ozone$V8, na.rm = TRUE)
max(Ozone$V9, na.rm = TRUE)
plot(Ozone$V8, Ozone$V9, xlab = "Sandburg Temperature",
     ylab = "El Monte Temperature" , main = "Ozone", xlim = c(0, 100),
     ylim = c(0, 90))
```

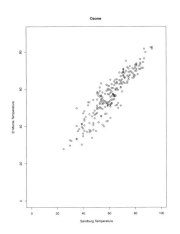

type을 설명하기 위해 잠깐 cars 데이터 셋에 알아보면, cars 데이터는 차량이 달리던 속도, 그리고 그 속도에서 브레이크를 잡았을 때 제동거리를 측정한 데이터이다.

```
data(cars)
str(cars)
head(cars)
plot(cars)

plot(cars, type = "l")
plot(cars, type = "o", cex =0.5)

plot(tapply(cars$dist, cars$speed, mean), plot(tapply(cars$dist,
cars$speed, mean), type = "o", cex =0.5, xlab = "speed", ylab = "dist"))
```

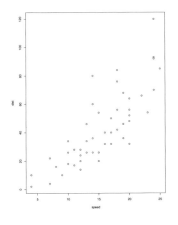

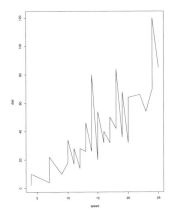

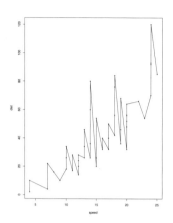
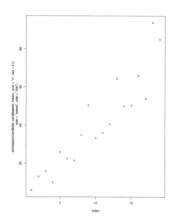

plot() 명령으로 그래프를 그리면 매번 새로운 창이 뜨면서 그래프가 그려진다.

그러나 mfrow를 지정하면 한 창에 여러 개의 그래프를 나열할 수 있다.

mfrow를 지정하는 형식은 par(mfrow = c(nr, nc))이며 nr은 행의 수, nc는 열의 수를 의미한다.

다음에 보인 코드에서는 mfrow = c(1, 2)를 지정하여 한 창에 그래프를 1행 2열로 배치한다.

```
opar <- par(mfrow = c(1, 2))
plot(Ozone$V8, Ozone$V9, xlab = "Sandburg Temperature",
     ylab = "El Monte Temperature" , main = "Ozone")
plot(Ozone$V8, Ozone$V9, xlab = "Sandburg Temperature",
     ylab = "El Monte Temperature", main = "Ozone2")
par(opar)
```

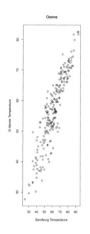

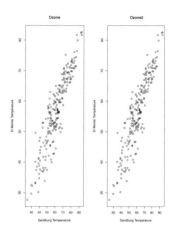

Ozone 데이터의 V6와 V7은 각각 LAX에서의 풍속과 습도를 담고 있으며, 원본 데이터와 jitter를 사용한 경우를 각각 그리는 코드이다.

```
head(Ozone)
plot(Ozone$V6, Ozone$V7, xlab = "Windspeed", ylab = "Humidity",
     main = "Ozone", pch =20, cex =.5)
plot(jitter(Ozone$V6), jitter(Ozone$V7),xlab = "Windspeed",
     ylab = "Humidity", main = "Ozone", pch=20, cex =.5)
```

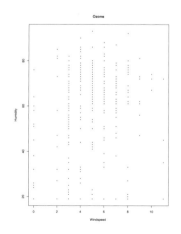

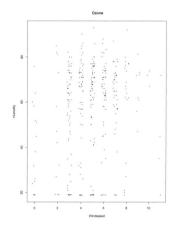

points()는 점을 그리기 위한 함수이다.

plot()를 연달아 호출하는 경우 매번 새로운 그래프가 그려지는 것과 달리 points()는 이미 생성된 plot에 점을 추가로 그려 준다.

```
plot(iris$Sepal.Width, iris$Sepal.Length, cex =.5, pch=20,
     xlab = "width", ylab = "length", main = "iris")
points(iris$Petal.Width, iris$Petal.Length, cex =.5,
       pch = " + ", col = "#FF0000")
```

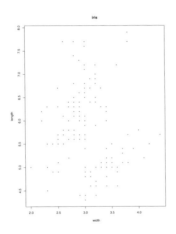

iris가 연달아 나타날 때는 attach(), detach()를 사용한다. attach()로 데이터를 불러들인 뒤 필드에 곧바로 접근이 가능하다.

그러나 attach()한 데이터를 detach()하지 않을 경우 Sepal.Length 등이 계속 접근 가능하게 남아 있게 된다는 단점이 존재한다.

points()는 이처럼 이미 그려진 plot에 추가로 점을 표시한다.

```
attach(iris)
plot(Sepal.Width, Sepal.Length, cex =.5, pch =20,
     xlab = "width", ylab = "length", main = "iris")
points(Petal.Width, Petal.Length, cex =.5, pch = " + ", col = "#FF0000")
```

```
with(iris, {plot(Sepal.Width, Sepal.Length, cex =.5, pch =20, xlab = "width",
ylab = "length", main = "iris")
  points(Petal.Width, Petal.Length, cex =.5, pch = " + ", col = "#FF0000")})

with(iris, {plot(NULL, xlim = c(0, 5), ylim = c(0, 10),
                 xlab = "width", ylab = "length", main = " iris " , type = "n")
  points(Sepal.Width, Sepal.Length, cex =.5, pch=20)
  points(Petal.Width, Petal.Length, cex =.5, pch = " + ", col = "#FF0000")})
```

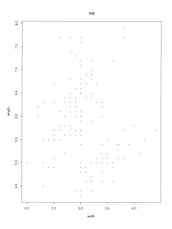 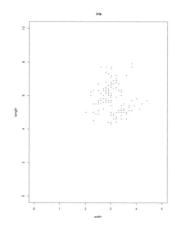

lines()는 points()와 마찬가지로 plot()로 새로운 그래프를 그린 뒤 선을 그리는 목적으로 사용된다.

```
x <- seq(0, 2*pi, 0.1)
y <- sin(x)
plot(x, y, cex =.5, col = "red")
lines(x, y)
```

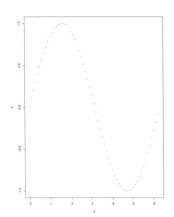
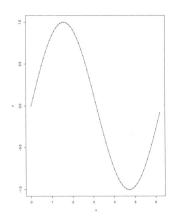

cars 데이터에 대해 LOWESS를 입력하자.

cars 데이터는 자동차의 속도와 그 속도에서의 제동거리를 담고 있는 데이터이다.

```
install.packages("mlbench")
library(mlbench)
data(cars)
head(cars)
```

abline()을 사용하여 근사가 얼마나 잘 이루어지는지를 시각화가 가능하다.

```
plot(cars)
lines(lowess(cars))
plot(cars, xlim = c(0, 25))
abline(a = -5, b =3.5, col = "red")
plot(cars, xlim = c(0, 25))
abline(a = -5, b =3.5, col = "red")
abline(h = mean(cars$dist), lty =2 , col = "blue")
abline(v = mean(cars$speed), lty =2, col = "green")
```

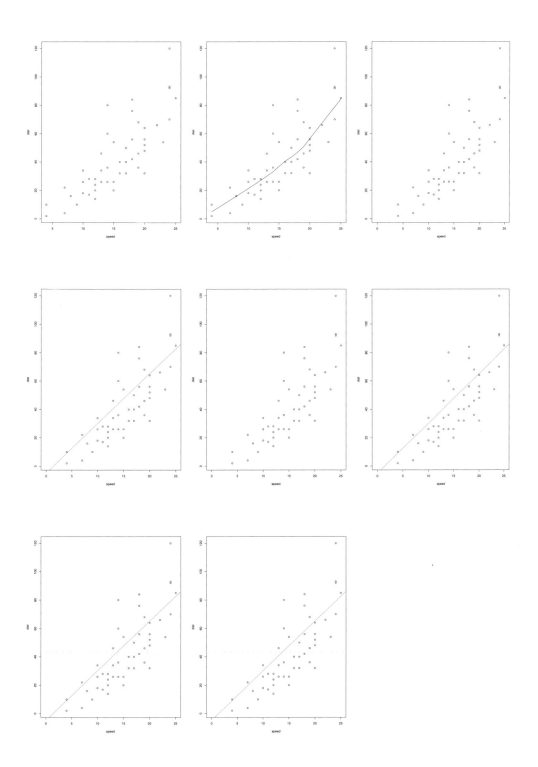

curve는 주어진 표현식에 대한 곡선을 그리는 함수이다.

```
curve(sin, 0, 2*pi)
```

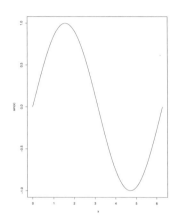

polygon()은 다각형을 그리는데 사용하는 함수이다.

선형 회귀는 lm() 함수로 수행하는데, 형식은 lm(formula, data=데이터)이다. 이때 formula는 '종속변수 ~ 독립변수'의 형식이다.

polygon()으로 신뢰 구간을 그리려면 그래프에 그릴 다각형의 x 좌표, y 좌표를 구한다.

```
m <- lm(dist ~speed, data = cars)
m
abline(m)
p <- predict(m, interval = "confidence")
head(p)
head(cars)
x <- c(cars$speed, tail(cars$speed, 1), rev(cars$speed), cars$speed[1])
y <- c(p[, "lwr"], tail(p[, "upr"],1), rev(p[, "upr"]), p[, "lwr"][1])

m <- lm(dist ~speed, data = cars)
p <- predict(m, interval = "confidence")
plot(cars)
```

```
abline(m)

x <- c(cars$speed, tail(cars$speed, 1), rev(cars$speed), cars$speed[1])
y <- c(p[, "lwr"], tail(p[, "upr"], 1), rev(p[, "upr"]), p[, "lwr"][1])
polygon(x, y, col = rgb(.7, .7, .7, .5))
```

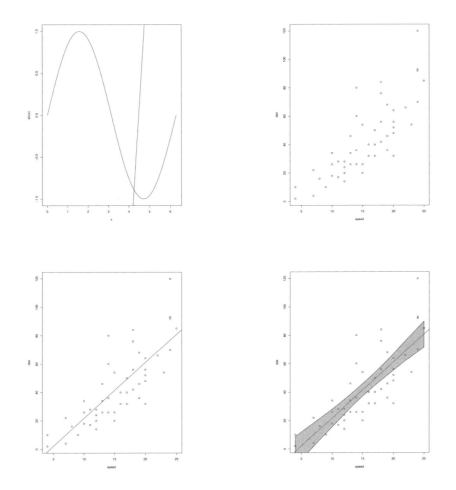

text()는 그래프에 문자를 그리는 데 사용하며 형식은 text(x, y, labels)이다.

labels는 각 좌표에 표시할 문자들이며, text() 함수에는 보여질 텍스트의 위치를 조정하기 위한 다양한 옵션이 사용 가능하다.

```
plot(cars, cex =.5)
text(cars$speed, cars$dist, pos=4, cex =.5)
```

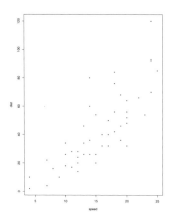 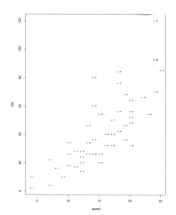

identify()는 그래프상에서 특정 점을 클릭하면 클릭된 점과 가장 가까운 데이터를 그려준다.

```
plot(cars, cex =.5)
identify(cars$speed, cars$dist)
```

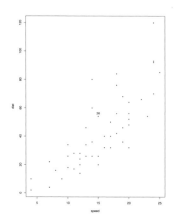

legend()는 범례를 표시하는 데 사용한다.

가장 기본적인 형식은 legend(x, y=NULL, legend)인데, 범례가 보여질 (x, y) 좌표를 지정할 수도 있고 사전에 정의된 키워드(bottomright, bottom, bottomleft, left, topleft, top, topright, right, center) 중 하나로 범례의 위치를 지정한다.

```
plot(iris$Sepal.Width, iris$Sepal.Length, cex =.5, pch=20,
     xlab = "width", ylab = "length")
points(iris$Petal.Width, iris$Petal.Length, cex =.5,
       pch = " + ", col = "#FF0000")
legend("topright", legend = c("Sepal", "Petal"),
       pch = c(20, 43), cex =.8, col = c("black", "red"), bg =" gray")
```

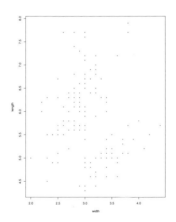 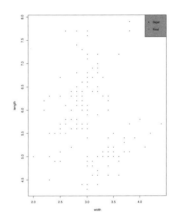

matplot(), matlines(), matpoints()는 각각 plot(), lines(), points() 함수와 유사하지만 행렬(matrix) 형태로 주어진 데이터를 그래프에 그린다는 점에서 차이가 있다.

```
x <- seq(-2*pi, 2*pi, 0.01)
x
y <- matrix(c(cos(x), sin(x)), ncol =2)
matplot(x, y, col = c("red", "black"), cex = .2)
abline(h=0, v=0)
```

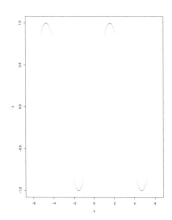
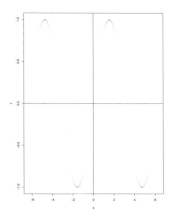

iris$Sepal.Width에 대해 상자를 그린다.

```
boxplot(iris$Sepal.Width)
boxstats <- boxplot(iris$Sepal.Width)
boxstats
```

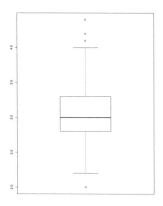
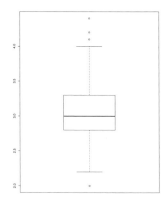

iris의 outlier 옆에 데이터 번호를 표시한다.

```
boxstats <- boxplot(iris$Sepal.Width, horizontal=TRUE)
text(boxstats$out, rep(1, NROW(boxstats$out)), labels = boxstats$out,
     pos=1, cex=.5)


sv <- subset(iris, Species == "setosa" | Species == "versicolor")
sv$Species <- factor(sv$Species)
boxplot(Sepal.Width ~ Species, data = sv, notch = TRUE)
```

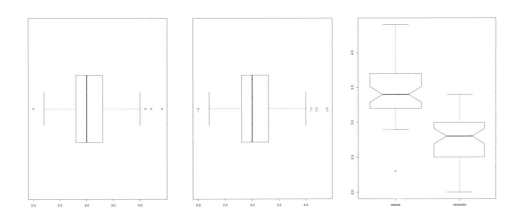

자료의 분포를 알아보는데 유용한 또 다른 그래프는 히스토그램을 그린다.

```
hist(iris$Sepal.Width)
hist(iris$Sepal.Width, freq = FALSE)
x <- hist(iris$Sepal.Width, freq = FALSE)
x
sum(x$density)*0.2
```

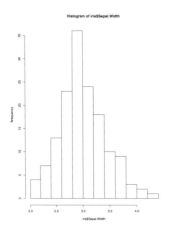

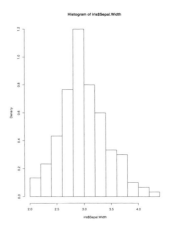

bin의 경계에서 분포가 확연히 달라지지 않는 kernel density estimation에 의한 밀도 그림을 그린다.

```
plot(density(iris$Sepal.Width))
hist(iris$Sepal.Width, freq = FALSE)
lines(density(iris$Sepal.Width))
plot(density(iris$Sepal.Width))
rug(jitter(iris$Sepal.Width))
```

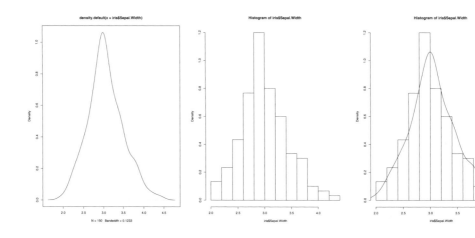

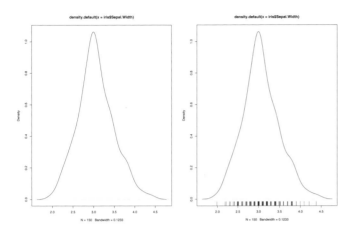

막대 그림은 barplot() 함수이다.

```
barplot(tapply(iris$Sepal.Width, iris$Species, mean))
```

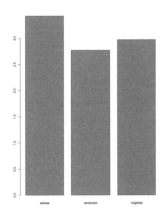

파이 그래프는 pie() 함수를 사용해 그리며, 데이터의 비율을 알아보는 데 적합하다.

```
cut(1:10, breaks = c(0, 5, 10))
cut(1:10, breaks =3)
cut(iris$Sepal.Width, breaks =10)
```

```
rep(c("a", "b", "c"), 1:3)
table(cut(iris$Sepal.Width, breaks =10))
pie(table(cut(iris$Sepal.Width, breaks =10)), cex =.7)
```

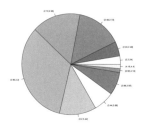

모자이크 플롯은 범주형 다변량 데이터를 표현하는데 적합한 그래프로 mosaicplot() 함수를 사용한다.

```
str(Titanic)
plot(Titanic, color = TRUE)

mosaicplot(~Class + Survived, data = Titanic, color=TRUE)
```

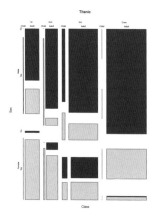
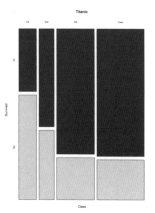

산점도 행렬(Scatter Plot Matrix)은 다변량 데이터에서 변수 쌍간의 산점도 행렬을 그린 그래프이다.

```
pairs(~Sepal.Width + Sepal.Length + Petal.Width + Petal.Length, data =
iris, col = c("red", "green", "blue")[iris$Species])
levels(iris$Species)
as.numeric(iris$Species)
```

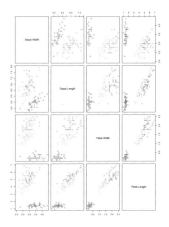

투시도는 3차원 데이터를 마치 투시한 것처럼 그린 그림으로 persp() 함수이다.

```
outer(1:5, 1:3, "+")
outer(1:5, 1:3, function(x, y){x+y})

install.packages("mvtnorm")
library(mvtnorm)
dmvnorm(c(0, 0), rep(0, 2), diag(2))

x <- seq(-3, 3, .1)
y <- x
outer(x, y, function(x, y){dmvnorm(cbind(x, y))})

x <- seq(-3, 3, .1)
```

```
y <- x
f <- function(x, y){dmvnorm(cbind(x, y))}
persp(x, y, outer(x, y, f), theta =30, phi =30)

contour(x, y, outer(x, y, f))
```

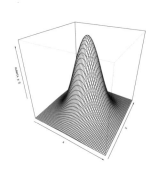
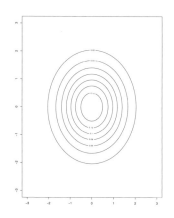

- 각각의 함수의 의미와 그래프를 어떻게 그리는지 파악하면서 실습해 보자.

2 ggplot2

1) ggplot2

ggplot2는 데이터를 각 기하 객체(Geometric object)의 미적 속성(Aesthetic attributes)에 매핑하는 방법을 제공한다.

이를 통해 통계적인 시각화를 가능하게 하는 효과적인 방법을 제안하며, 통계적인 데이터 변환이 필요하다면 그 변환까지 수행한다.

국소(Faceting) 시각화 기법을 사용하면 각 데이터의 부분 데이터만 사용해 여러 개의 그래프를 한꺼번에 그려주기도 한다.

```
install.packages("ggplot2")
library(ggplot2)
td <- data.frame(length = c(3, 6, 5, 8), width = c(4, 5, 6, 9),
depth = c(6, 3, 12, 80), trt = c("a", "a", "b", "b"))
ggplot(td, aes(x = length, y = width)) + geom_point(aes(colour= trt))
```

```
ggplot(td, aes(x= length, y= width)) geom_point(aes(colour = trt))
```

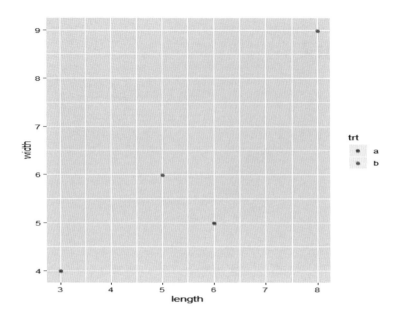

먼저 데이터를 플로팅 하기 위해 데이터의 각 레코드를 갖고 그래픽 요소에 매핑할 필요가 있다. 이를 '미적 요소 매핑(Aesthetic mapping)'이라고 표현하며, ggplot2의 문법에서는 aes라는 함수가 이 역할을 수행한다.

'aes(x=length, y=width)' 코드가 의미하는 바는 x축에 length 컬럼을 매칭시키고, y축에 width 컬럼을 매칭시키라는 것이다.

'length → x, width → y, trt → colour'로 변환된 것을 확인한다.

점의 크기나 모양은 매핑 속성에 없으므로 매핑되지 않으나, 모두 같은 기본값으로 암묵적으로 생성된다. 모양의 기본값은 속이 꽉 찬 점이고, 점의 크기는 1이 기본값이다.

미적 매핑을 한 후에 진행되는 작업은 매핑된 데이터를 갖고 컴퓨터가 알아볼 수 있는 데이터로 변환한다.

즉 컴퓨터가 이해할 수 있는 이미지 포맷으로 변환하는 작업이 바로 ggplot2의 스케일링(Scaling) 작업이다.

x, y축 데이터는 이미지를 출력하는 대상에 맞게 변수 변환이 이루어지며, ggplot2에서 사용하는 시스템은 grid이기 때문에 [0, 1] 사이의 값으로 스케일링 된다.

colour 값은 자동으로 사람의 눈으로 구분하기 쉬운 색상으로 매핑한다. 사람이 구분하기 쉬운 색상을 사용하기 위한 작업도 이루어지는데 컬러 휠(Color wheel)을 구분하고 싶은 레벨 개수로 색상과 명암 기준으로 일정하게 분할해 색상을 매핑한다.

```
ggplot(td, aes(x = length, y = width)) + geom_point(aes(colour = trt)) +
geom_smooth()
```

ggplot2에서는 직관적으로 +연산자를 사용해 이를 연동한다.

① 미적 매핑(aes) → ② 통계적인 변환 → ③ 기하 객체에 적용(geom) → ④ 위치 조정

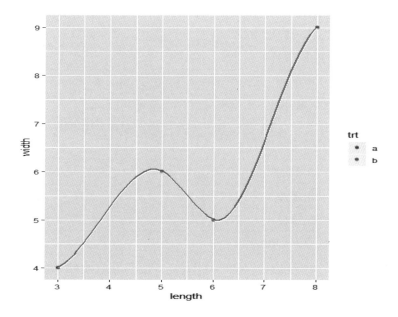

2) ggplot2를 사용한 시각화

R에 내장되어 있는 Diamond 데이터를 가지고 ggplot2를 사용해 보자.

	carat	cut	color	clarity	depth	table	price	x	y	z
				〉 head(diamonds)						
1	0.23	Ideal	E	SI2	61.5	55	326	3.95	3.98	2.43
2	0.21	Premium	E	SI1	59.8	61	326	3.89	3.84	2.31
3	0.23	Good	E	VS1	56.9	65	327	4.05	4.07	2.31
4	0.29	Premium	I	VS2	62.4	58	334	4.20	4.23	2.63
5	0.31	Good	J	SI2	63.3	58	335	4.34	4.35	2.75
6	0.24	Very Good	J	VVS2	62.8	57	336	3.94	3.96	2.48

price	가격 (\$326-\$18, 823)
carat	무게 (0.2-5.01)
cut	컷팅의 가치 (Fair, Good, Very Good, Primium, Ideal)
colour	다이아몬드 색상(J(가장 나쁜)에서 D(가장 좋은)까지)
clarity	깨끗함 (I1(가장 나쁜), SI1, SI2, VS1, VS2, VVS1, VVS2, IF(가장 좋은))
x	길이 (0-10.74mm)
y	너비 (0-58.9mm)
z	깊이 (0-31.8mm)
depth	깊이 비율 = z / nean(x, y)
table	가장 넓은 부분의 너비 대비 다이아몬드 꼭대기의 너비(43-95) ← 비율 (%)로 추정됨.

```
ggplot(td, aes(x = length, y = width)) + geom_point(aes(colour = trt)) +
geom_smooth()
```

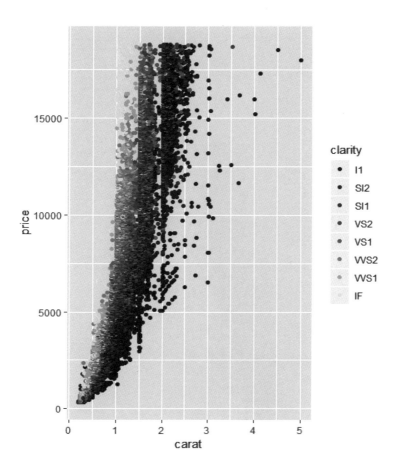

ggplot 부분은 단지 데이터 추가와 미적 요소 매핑을 하는 역할을 하며, + 뒷부분이 실제로 레이어를 추가해서 clarity별로 색깔을 다르게 점을 찍는 역할을 한다.

뒷부분인 레이어 추가하는 부분의 원 코드는, +geom_point(aes(x = carat, y = price, colour = clarity))이지만, ggplot2의 특징 중 하나인 '상속(Inheritance)' 때문에, xy 부분은 생략이 가능하고, 상속내용을 쓰지 않고 오버라이딩을 할 수 있다.

3) 회귀곡선 + geom_smooth() 함수

```
ggplot(data = diamonds, aes(x = carat, y = price)) + geom_
point(aes(colour = clarity)) + geom_smooth()
```

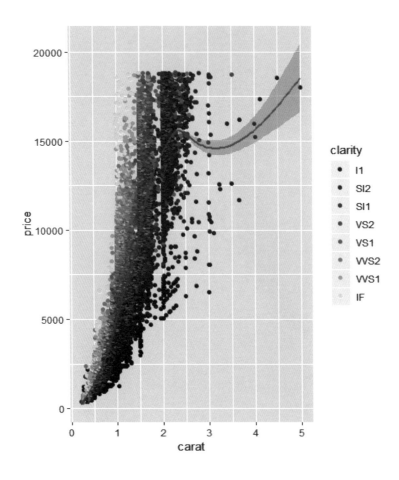

```
ggplot(data = diamonds, aes(x = carat, y = price, colour = clarity)) +
geom_point() + geom_smooth()
```

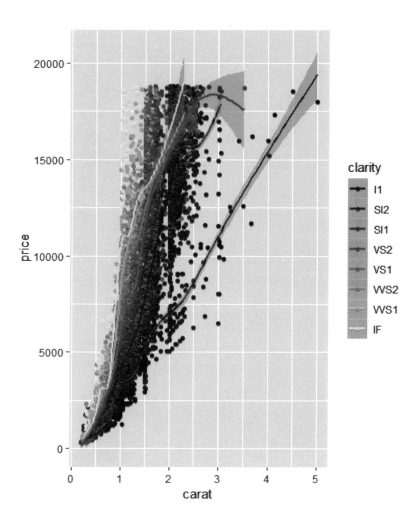

회귀곡선 Group 매핑 요소를 사용해 보자.

```
ggplot(data = diamonds, aes(x = carat, y = price)) + geom_smooth()
```

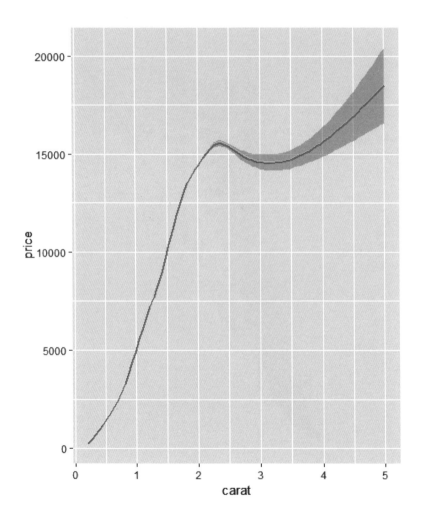

```
ggplot(data = diamonds, aes(x = carat, y = price)) + geom_
smooth(aes(group = clarity))
```

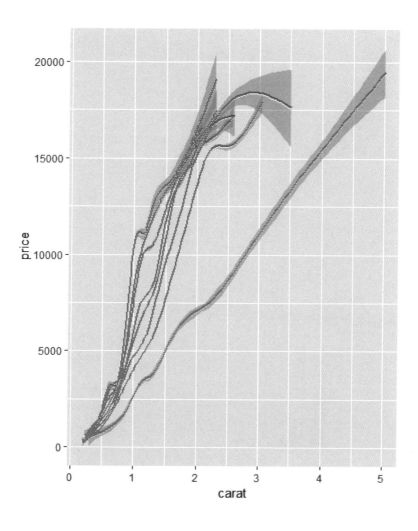

4) 그래프 색 변경

```
ggplot(data = diamonds, aes(x = price))+geom_bar()
```

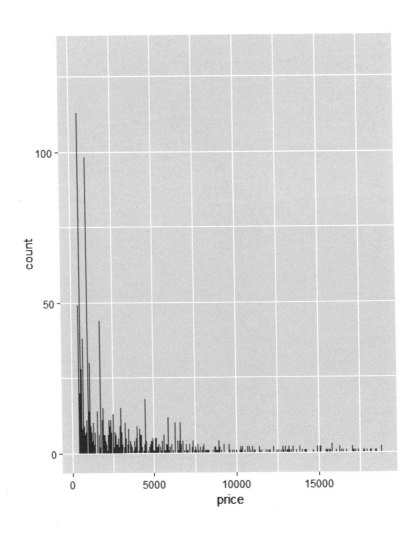

```
ggplot(diamonds, aes(x = price))+stat_bin(geom = "bar", fill = "blue",
col = "white")
```

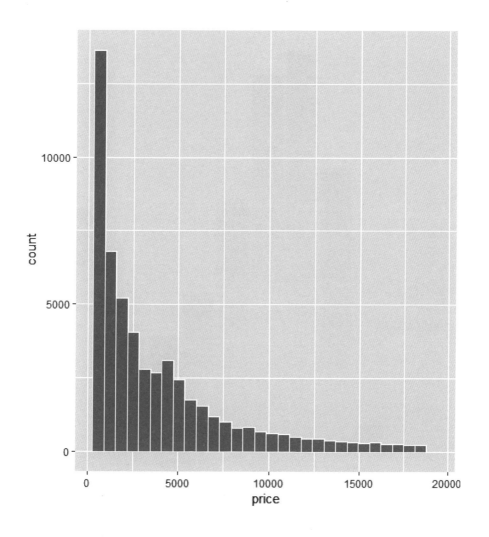

```
ggplot(diamonds, aes(clarity, fill = cut)) + geom_bar()
```

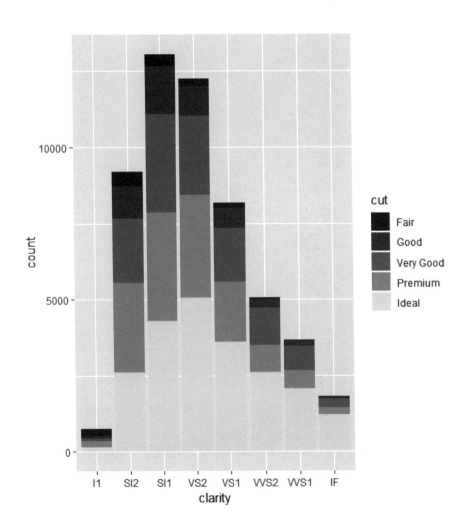

5) 실습(따라해 보자)

각각의 코드를 실행해서 그래프가 어떻게 바뀌는지 확인해 보자!!

(1) qplot과 ggplot 비교

```
qplot(clarity, data=diamonds, fill=cut, geom="bar")

ggplot(diamonds, aes(clarity, fill=cut)) + geom_bar()
```

(2) 값에 따라 색상이 다른 두 변수의 산점도

```
qplot(log(wt), mpg-10, data=mtcars, color=qsec)
```

(3) 크기 조절

```
qplot(log(wt), mpg-10, data=mtcars, color=qsec, size=3)
```

(4) alpha 옵션 (값이 작으면 색이 옅어짐)

```
qplot(wt, mpg, data=mtcars, alpha=qsec)
```

(5) 범주형 변수 cyl을 연속형 변수로 간주

```
qplot(wt, mpg, data=mtcars, colour=cyl)
```

(6) 범주형 변수 cyl에 대한 qplot

```
qplot(wt,mpg, data=mtcars, colour=factor(cyl))
```

(7) shape 옵션

```
qplot(wt, mpg, data=mtcars, shape=factor(cyl))
```

(8) size에 따라 점의 크기가 달라짐

```
qplot(wt, mpg, data=mtcars, size=qsec)
```

(9) geom 옵션

```
qplot(wt, mpg, data=mtcars, shape=factor(cyl), geom="point")
```

(10) color와 bg의 차이점:color는 테두리 색, bg는 background 색 (bg 대신 fill 옵션
도 가능)

```
qplot(factor(cyl), data=mtcars, geom="bar", bg=factor(cyl))

qplot(factor(cyl), data=mtcars, geom="bar", color=factor(cyl))
```

(11) 세로막대 그래프

```
qplot(factor(cyl), data=mtcars, geom="bar") + coord_flip()
```

(12) 누적막대 그래프

```
qplot(factor(cyl), data=mtcars, geom="bar", fill=factor(gear))
```

(13) histogram

```
qplot(carat, data=diamonds, geom="histogram")
```

(14) 계급값 설정

```
qplot(carat, data=diamonds, geom="histogram", binwidth=0.1)
qplot(carat, data=diamonds, geom="histogram", binwidth=0.01)
```

(15) 산점도와 비모수적 적합선 그리기

```
qplot(wt, mpg, data=mtcars, geom=c("point", "smooth"))
qplot(wt, mpg, data=mtcars, geom=c("smooth", "point"))
```

1) googleVis란?

Markus Gesmann과 Diego de Castillo가 협력해서 만든 패키지로서, R 인터페이스를 사용하여 데이터 프레임을 기반으로 하는 대화형 차트이다. 일부 차트의 경우 Flash Player가 필요하며 최신 브라우저가 필요할 수도 있다. 차트 API. Google Charts는 삽입할 수 있는 대화형 차트를 제공한다.

이 장에서의 내용은 아래의 사이트에서 참조하였다.

ftp://cran.r-project.org/pub/R/web/packages/googleVis/vignettes/googleVis_examples.html

(위의 주소의 사이트에서 아래의 적힌 예제의 방법이 상세히 나와 있다.)

https://developers.google.com/chart/interactive/docs/gallery

(위의 사이트에서는 googleVis의 모든 종류를 확인할 수 있다.)

이 장에서는 위의 사이트에서 몇 가지 그래프를 가져왔다. 실제 실습을 통해서 googleVis가 어떻게 구동되는지 확인해 보자. googleVis는 활용편에서 R shiny와 함께 자세히 다루도록 하자.

(1) Line chart

```
install.packages("googleVis")
library(googleVis)
```

```
df=data.frame(country=c("US", "GB", "BR"),
              val1=c(10,13,14),
              val2=c(23,12,32))

Line <- gvisLineChart(df)
plot(Line)

Line2 <- gvisLineChart(df, "country", c("val1","val2"),
                       options=list(
                         series="[{targetAxisIndex: 0},
                         {targetAxisIndex:1}]",
                         vAxes="[{title:'val1'}, {title:'val2'}]"
                       ))
plot(Line2)
```

(2) Bar chart

```
Bar <- gvisBarChart(df)
plot(Bar)
```

(3) Column chart

```
Column <- gvisColumnChart(df)
plot(Column)
```

(4) Area chart

```
Area <- gvisAreaChart(df)
plot(Area)
```

(5) Stepped Area chart

```
SteppedArea <- gvisSteppedAreaChart(df, xvar="country",
                                    yvar=c("val1", "val2"),
                                    options=list(isStacked=TRUE))
plot(SteppedArea)
```

(6) Combo chart

```
Combo <- gvisComboChart(df, xvar="country", yvar=c("val1", "val2"),
                        options=list(seriesType="bars",
                                     series='{1: {type:"line"}}'))
plot(Combo)
```

(7) Scatter chart

```
Scatter <- gvisScatterChart(women, options=list(legend="none",
                                                lineWidth=2,
                                                pointSize=0,
                                                title="Women",
                                                vAxis="{title:'weight (lbs)'}",
                                                hAxis="{title:'height (in)'}",
                                                width=300, height=300))
plot(Scatter)
```

(8) Bubble chart

```
Bubble <- gvisBubbleChart(Fruits, idvar="Fruit",
                          xvar="Sales", yvar="Expenses",
                          colorvar="Year", sizevar="Profit",
                          options=list(hAxis='{minValue:75, maxValue:125}'))
plot(Bubble)
```

(9) Pie chart

```
Pie <- gvisPieChart(CityPopularity)
plot(Pie)
```

(10) Gauge

```
Gauge <-  gvisGauge(CityPopularity,
                 options=list(min=0, max=800, greenFrom=500,
                              greenTo=800, yellowFrom=300,
                              yellowTo=500, redFrom=0, redTo=300,
                              width=400, height=300))
plot(Gauge)
```

(11) Geo chart

```
Geo=gvisGeoChart(Exports, locationvar="Country",
                 colorvar="Profit",
                 options=list(projection="kavrayskiy-vii"))
plot(Geo)
```

(12) Example showing US data by state

```
require(datasets)
states <- data.frame(state.name, state.x77)
GeoStates <- gvisGeoChart(states, "state.name", "Illiteracy",
                          options=list(region="US",
                                       displayMode="regions",
                                       resolution="provinces",
                                       width=600, height=400))
plot(GeoStates)
```

(13) Show Hurricane Andrew(1992) storm track with markers

```
GeoMarker <- gvisGeoChart(Andrew, "LatLong",
                          sizevar='Speed_kt',
                          colorvar="Pressure_mb",
                          options=list(region="US"))
plot(GeoMarker)
```

(14) Google Maps

```
AndrewMap <- gvisMap(Andrew, "LatLong" , "Tip",
                     options=list(showTip=TRUE,
                                  showLine=TRUE,
                                  enableScrollWheel=TRUE,
                                  mapType='terrain',
                                  useMapTypeControl=TRUE))
plot(AndrewMap)
```

【참고문헌】

김태웅, 통계학개론 4판, 신영사, 2016

노규성외, R 활용 빅데이터 분석, 와우패스, 2018

노규성외, R 활용 빅데이터 분석, 와우패스, 2016

노규성외, 빅데이터 분석 기획, 와우패스, 2017

Paul Teetor, R cookbook, O'Reilly Media, Inc.

http://www.training.go.kr

■ 김진화

　현) 서강대학교 경영학과 (경영전문대학원) 교수

　서강대학교 입학처장

　한국지능정보시스템학회 회장

　국제미래학회 미래경영예측 위원장

　데이터 사이언스 & 아트 포럼

■ 박성택

　현) 한국소프트웨어기술인협회 빅데이터전략기획실 교수

　충북대학교 경영대학 경영정보학과 연구교수

　성균관대학교 박사후연구원

　국가기술자격 전자상거래관리사 1,2급 출제 및 감수위원

　경영빅데이터분석사 출제 및 감수위원

　한국디지털정책학회 이사

　한국융합학회 학술이사

■ 이성원

　현) 한국소프트웨어기술인협회 빅데이터전략기획실 선임연구원

　과학기술정책연구원 연구원

　서울시립대학교 박사과정 수료

　국가기술자격 전자상거래관리사 1,2급 출제 및 감수위원

빅데이터 R Point 빅데이터 분석 기본

| 2018년 | 9월 13일 | 1판 | 1쇄 | 인 쇄 |
| 2018년 | 9월 18일 | 1판 | 1쇄 | 발 행 |

지 은 이 : 김 진 화 · 박 성 택 · 이 성 원

펴 낸 이 : 박   정   태

펴 낸 곳 : **광   문   각**

10881
파주시 파주출판문화도시 광인사길 161
광문각 B/D 4층
등   록 : 1991. 5. 31 제12 - 484호
전 화(代) : 031-955-8787
팩   스 : 031-955-3730
E - mail : kwangmk7@hanmail.net
홈페이지 : www.kwangmoonkag.co.kr

 한국과학기술출판협회
Korean Science & Technology Publisher Association

ISBN : 978-89-7093-917-9   93560

값 : 19,000원